W0217808

# Das Zahlenbuch 2

## Arbeitsheft

Von Erich Ch. Wittmann, Gerhard N. Müller,
Marcus Nührenbörger und Ralph Schwarzkopf

Bearbeitung der Ausgabe 2022:
Marcus Nührenbörger, Ralph Schwarzkopf,
Melanie Bischoff, Daniela Götze, Birgit Heß

Ernst Klett Verlag
Stuttgart · Leipzig · Dortmund

# Inhalt

# Zahlen in der Klasse

**1** Schulweg in Minuten.

a) Erstelle ein Schaubild. Zeichne für jedes Kind ein Kästchen.

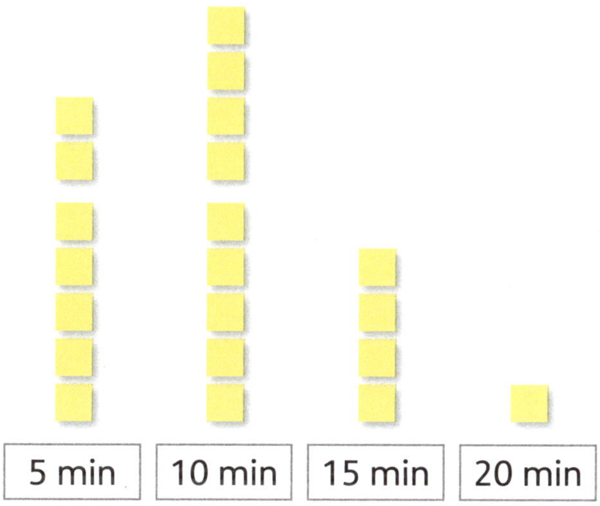

b) Beantworte die Fragen.

Wie viele Kinder haben einen Schulweg von ...

... 5 min? ______

... 15 min oder 20 min? ______

... weniger als 15min? ______

c) Wie viel Zeit brauchst du für deinen Schulweg? Vergleiche.

______

**2** Haustiere in der Klasse.

|  |  |  |  |  | anderes Tier | kein Tier |
|---|---|---|---|---|---|---|
| 𝍸 | \|\|\|\| | \|\|\| | \|\|\| | \|\| | \|\|\| | 𝍸 |

a) Erstelle ein Schaubild.
Zeichne für jedes Tier ein Kästchen.

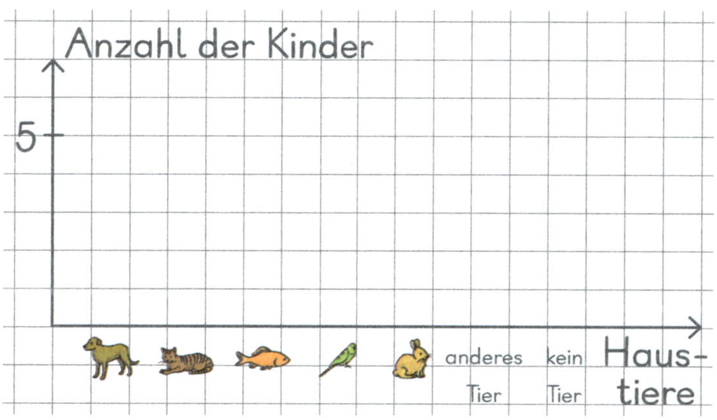


b) Beantworte die Fragen.

Welches Haustier kommt am häufigsten vor? ______

Wie viele Kinder haben kein Haustier? ______

Welches Haustier kommt am seltensten vor? ______

Wie viele Haustiere mit 4 Pfoten sind es insgesamt? ______

**1, 2** Aus den Tabellen die Daten entnehmen und ein Säulendiagramm erstellen, Fragen beantworten, eigene Umfragen durchführen.

→ Schulbuch, Seiten 4/5

# Das Einspluseins

○ **1** Aufgaben **mit 5** rechnen.

a) 5 + 2 = ___
5 + 7 = ___

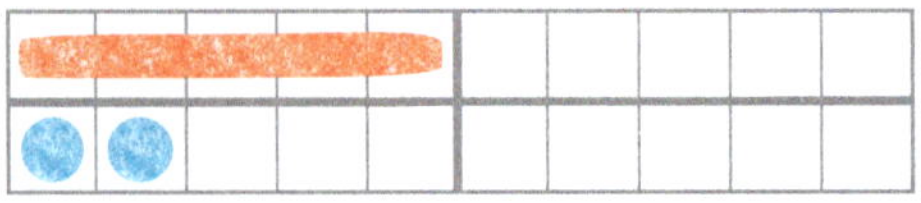

b) 5 + 5 = ___
5 + 10 = ___

c) 5 + 4 = ___
5 + 9 = ___

d) 1 + 5 = ___
6 + 5 = ___

e) 3 + 5 = ___
8 + 5 = ___

○ **2** Aufgaben **= 10** rechnen.

a) 5 + ___ = 10
6 + ___ = 10

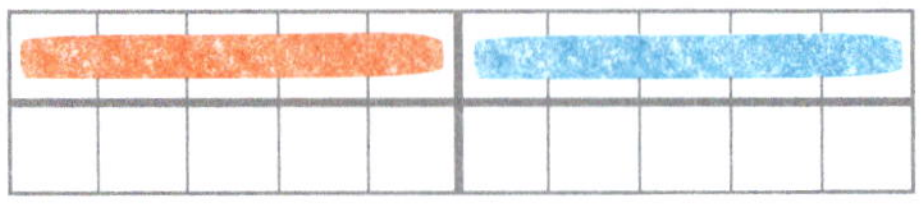

b) 9 + ___ = 10
8 + ___ = 10

c) 2 + ___ = 10
4 + ___ = 10

d) 1 + ___ = 10
0 + ___ = 10

e) 3 + ___ = 10
7 + ___ = 10

○ **3** Aufgaben **mit 10** rechnen.

a) 10 + 5 = ___
10 + 7 = ___

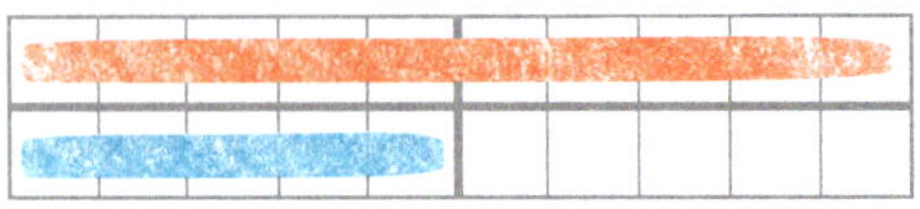

b) 10 + 1 = ___
10 + 0 = ___

c) 10 + 4 = ___
10 + 8 = ___

d) 3 + 10 = ___
9 + 10 = ___

e) 2 + 10 = ___
6 + 10 = ___

○ **4** Aufgaben **doppelt** rechnen.

a) 6 + 6 = ___
8 + 8 = ___

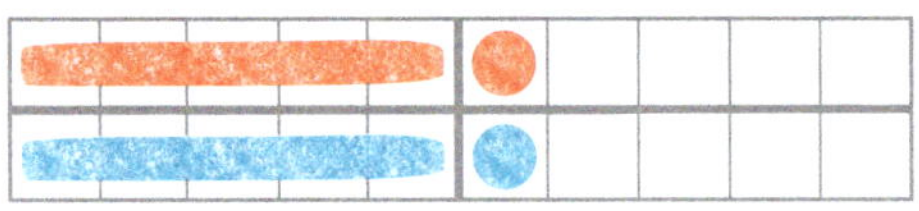

b) 3 + 3 = ___
1 + 1 = ___

c) 2 + 2 = ___
4 + 4 = ___

d) 7 + 7 = ___
5 + 5 = ___

e) 10 + 10 = ___
9 + 9 = ___

◒ **5** Verwandte Aufgaben. Vergleiche und markiere.

a) 3 + 6 = ___
13 + 6 = ___
3 + 16 = ___

b) 4 + 3 = ___
14 + 3 = ___
4 + 13 = ___

c) 7 + 2 = ___
17 + 2 = ___
17 + 12 = ___

d) 8 + 4 = ___
18 + 4 = ___
18 + 14 = ___



1–4 Merkmale der einfachen Aufgaben wiederholen und zum vorteilhaften Rechnen nutzen. 5 Zehneranalogien erkennen und mit Forschermitteln markieren.

→ Schulbuch, Seiten 6/7

# Das Einspluseins

**1** Aufgaben und Nachbaraufgaben.

mit 10

| 10 + 3 = ___ | 10 + 8 = ___ | 6 + 10 = ___ | 7 + 10 = ___ |
|---|---|---|---|
| 9 + 3 = ___ | 9 + 8 = ___ | 6 + 9 = ___ | 7 + 9 = ___ |

= 10

| 6 + 4 = ___ | 8 + 2 = ___ | 3 + 7 = ___ | 1 + 9 = ___ |
|---|---|---|---|
| 6 + 5 = ___ | 8 + 3 = ___ | 4 + 7 = ___ | 2 + 9 = ___ |

doppelt

| 5 + 5 = ___ | 4 + 4 = ___ | 7 + 7 = ___ | 9 + 9 = ___ |
|---|---|---|---|
| 5 + 6 = ___ | 4 + 5 = ___ | 8 + 7 = ___ | 8 + 9 = ___ |

**2** Rechne und vergleiche.

| a) | b) | c) | d) |
|---|---|---|---|
| 7 + 10 = ___ | 4 + 10 = ___ | 3 + 10 = ___ | 9 + 10 = ___ |
| 17 − 1 = ___ | 14 − 1 = ___ | 13 − 2 = ___ | 19 − 2 = ___ |
| 7 + 9 = ___ | 4 + 9 = ___ | 3 + 8 = ___ | 9 + 8 = ___ |

**3** Rechne geschickt mit einfachen Aufgaben mit 5 mit 10 = 10 doppelt .

| a) | b) | c) | d) |
|---|---|---|---|
| 9 + 6 = ___ | 3 + 4 = ___ | 9 + 4 = ___ | 5 + 9 = ___ |
| 8 + 5 = ___ | 6 + 7 = ___ | 7 + 6 = ___ | 3 + 6 = ___ |
| 8 + 7 = ___ | 5 + 7 = ___ | 6 + 9 = ___ | 5 + 8 = ___ |
| 8 + 9 = ___ | 7 + 9 = ___ | 6 + 8 = ___ | 7 + 5 = ___ |

**4** Rechne geschickt mit einfachen Aufgaben.
Unterstreiche.

| a) | b) | c) | d) |
|---|---|---|---|
| 7 + 5 + 3 = ___ | 7 + 2 + 8 = ___ | 9 + 8 + 1 = ___ | 6 + 4 + 8 = ___ |
| 5 + 4 + 5 = ___ | 8 + 4 + 6 = ___ | 8 + 7 + 3 = ___ | 5 + 5 + 9 = ___ |
| 5 + 6 + 6 = ___ | 4 + 4 + 10 = ___ | 7 + 6 + 3 = ___ | 6 + 7 + 7 = ___ |

**5** Rechne und vergleiche.

| a) | b) | c) | d) |
|---|---|---|---|
| 1 + 3 = ___ | 2 + 4 = ___ | 3 + 4 = ___ | 1 + 2 = ___ |
| 6 + 8 = ___ | 7 + 9 = ___ | 8 + 9 = ___ | 6 + 7 = ___ |
| 2 + 3 = ___ | 5 + 4 = ___ | 3 + 3 = ___ | 4 + 4 = ___ |
| 7 + 8 = ___ | 10 + 9 = ___ | 8 + 8 = ___ | 9 + 9 = ___ |

1 Nachbaraufgaben mit den einfachen Plusaufgaben lösen, Veränderungen (+1/−1) zunehmend mental lösen.
2–5 Beziehungen zwischen den Aufgaben erkunden und einfache Aufgaben zum Lösen von schwierigen Aufgaben nutzen.

→ Schulbuch, Seiten 6/7

# Das Einsminuseins

○ **1** Aufgaben 10 rechnen.

a) 10 – 7 = ___
10 – 3 = ___

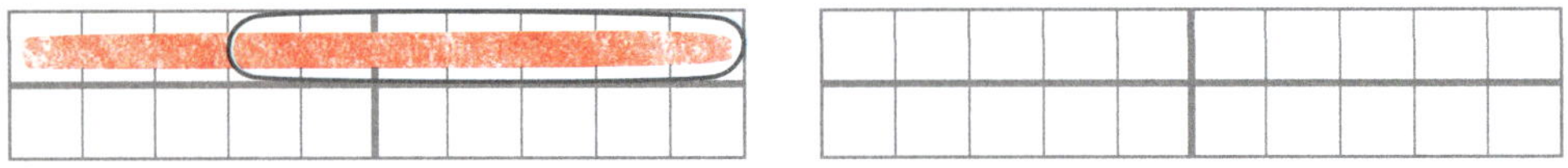

b) 10 – 2 = ___
10 – 8 = ___

c) 10 – 6 = ___
10 – 4 = ___

d) 10 – 9 = ___
10 – 1 = ___

e) 10 – 0 = ___
10 – 10 = ___

○ **2** Aufgaben 10 rechnen.

a) 16 – 10 = ___
15 – 10 = ___

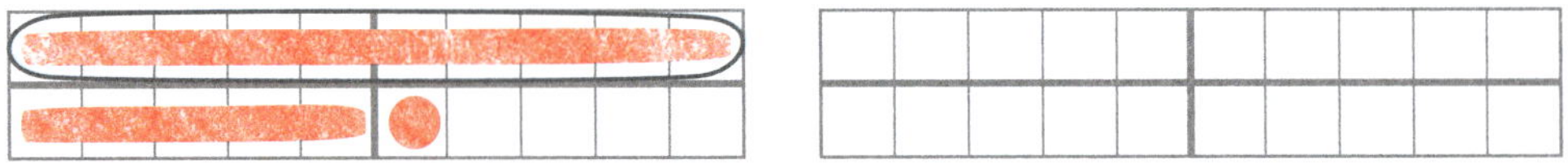

b) 17 – 10 = ___
18 – 10 = ___

c) 12 – ___ = 10
14 – ___ = 10

d) 20 – ___ = 10
19 – ___ = 10

e) 16 – ___ = 10
13 – ___ = 10

○ **3** Aufgaben 5 rechnen.

a) 13 – 5 = ___
13 – ___ = 5

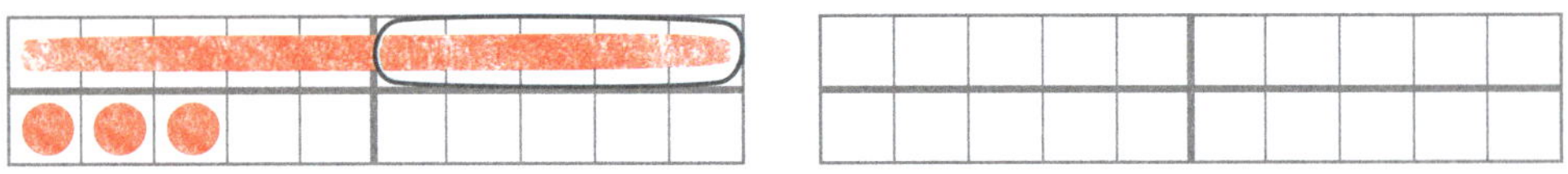

b) 16 – 5 = ___
16 – ___ = 5

c) 12 – 5 = ___
12 – ___ = 5

d) 14 – 5 = ___
14 – ___ = 5

e) 17 – 5 = ___
17 – ___ = 5

◒ **4** Verwandte Aufgaben. Vergleiche.

a) 8 – 5 = ___
18 – 15 = ___
18 – 5 = ___

b) 7 – 3 = ___
17 – 13 = ___
17 – 3 = ___

c) 9 – 7 = ___
19 – 17 = ___
19 – 7 = ___

d) 8 – 4 = ___
18 – 14 = ___
18 – 4 = ___

◒ **5** Schöne Päckchen. Setze fort.

a) 17 – 3 = ___
17 – 4 = ___
17 – 5 = ___
17 – 6 = ___
___ – ___ = ___

b) 18 – 2 = ___
18 – 4 = ___
18 – 6 = ___
18 – 8 = ___
___ – ___ = ___

c) 17 – 13 = ___
18 – 13 = ___
19 – 13 = ___
20 – 13 = ___
___ – ___ = ___

d) 13 – 5 = ___
14 – 5 = ___
15 – 5 = ___
16 – 5 = ___
___ – ___ = ___



**1–3** Einfache Aufgaben wiederholen und vertiefen, Aufgaben vergleichen, Beziehungen erkennen und markieren.
**4** Zehneranalogien erkennen und nutzen. **5** Muster zwischen den Aufgaben erkennen und nutzen.

→ Schulbuch, Seiten 8/9

# Das Einsminuseins

**1** Aufgaben und Nachbaraufgaben.

10

| | | | |
|---|---|---|---|
| 10 – 3 = ___ | 10 – 2 = ___ | 10 – 6 = ___ | 10 – 5 = ___ |
| 9 – 3 = ___ | 9 – 2 = ___ | 11 – 6 = ___ | 11 – 5 = ___ |
| 10 – 4 = ___ | 10 – 7 = ___ | 10 – 9 = ___ | 10 – 8 = ___ |
| 9 – 4 = ___ | 9 – 7 = ___ | 9 – 9 = ___ | 9 – 8 = ___ |

10

| | | | |
|---|---|---|---|
| 15 – 5 = ___ | 17 – 7 = ___ | 13 – 3 = ___ | 18 – 8 = ___ |
| 16 – 5 = ___ | 17 – 8 = ___ | 13 – 4 = ___ | 18 – 9 = ___ |
| 16 – 10 = ___ | 14 – 10 = ___ | 12 – 10 = ___ | 17 – 10 = ___ |
| 16 – 9 = ___ | 14 – 9 = ___ | 12 – 9 = ___ | 17 – 11 = ___ |

**2** Rechne und vergleiche.

| a) | b) | c) | d) |
|---|---|---|---|
| 16 – 8 = ___ | 11 – 6 = ___ | 9 – 7 = | 13 – 5 = ___ |
| 17 – 9 = ___ | 10 – 5 = ___ | 11 – 8 = ___ | 14 – 5 = ___ |
| 18 – 10 = ___ | 9 – 4 = ___ | 13 – 9 = ___ | 15 – 5 = ___ |

**3** Rechne geschickt mit einfachen Aufgaben 10, 10, halb.

| a) | b) | c) | d) |
|---|---|---|---|
| 11 – 2 = ___ | 14 – 7 = ___ | 15 – 8 = ___ | 14 – 9 = ___ |
| 13 – 4 = ___ | 12 – 6 = ___ | 13 – 6 = ___ | 17 – 8 = ___ |
| 16 – 7 = ___ | 16 – 8 = ___ | 17 – 8 = ___ | 15 – 6 = ___ |
| 18 – 9 = ___ | 20 – 10 = ___ | 15 – 7 = ___ | 12 – 9 = ___ |

**4** Rechne geschickt mit einfachen Aufgaben. Unterstreiche.

| a) | b) | c) |
|---|---|---|
| 16 – 5 – 6 = ___ | 10 – 3 – 4 = ___ | 11 + 2 – 2 = ___ |
| 15 – 5 – 6 = ___ | 14 – 4 – 7 = ___ | 12 + 3 – 3 = ___ |
| 14 – 4 – 7 = ___ | 16 – 10 – 5 = ___ | 14 + 5 – 5 = ___ |

**5** Löse durch Ergänzen.

a) Zahlenmauer: oben 20; Mitte 11, ___; unten 6, ___, ___

b) Zahlenmauer: oben 19; Mitte 10, ___; unten 6, ___, ___

c) Zahlenmauer: oben 21; Mitte 11, ___; unten ___, ___, 4

d) Zahlenmauer: oben ___; Mitte 9, 10; unten 5, ___, ___

**1** Nachbaraufgaben mit den einfachen Minusaufgaben lösen, Veränderungen (+1/–1) zunehmend mental lösen.
**2–4** Beziehungen zwischen den Aufgaben erkunden und einfache Aufgaben zum Lösen von schwierigen Aufgaben nutzen.
**5** Ergänzungsaufgaben in Zahlenmauern lösen.

→ Schulbuch, Seiten 8/9

# Addieren und Subtrahieren

○ **1** Rechne Aufgabe und Umkehraufgabe.

a) 8 + 8 = 16
16 − 8 = ____

b) 7 + 3 = ____
____ − ____ = ____

c) 8 + 6 = ____
____ − ____ = ____

d) 4 + 11 = ____
____ − ____ = ____

e) 5 + 9 = ____
____ − ____ = ____

f) 6 + 5 = ____
____ − ____ = ____

g) 7 + 8 = ____
____ − ____ = ____

h) 13 + 5 = ____
____ − ____ = ____

○ **2** Tauschaufgaben und Umkehraufgaben. Immer vier Aufgaben zu einem Bild.

a) 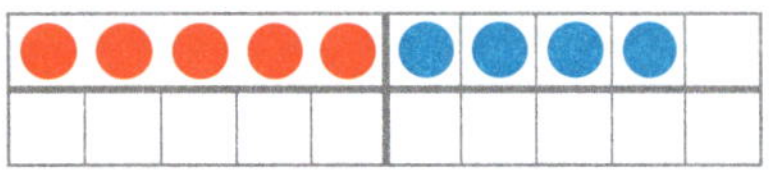

5 + 4 = ____ 9 − 4 = ____
4 + 5 = ____ ____ − ____ = ____

b) 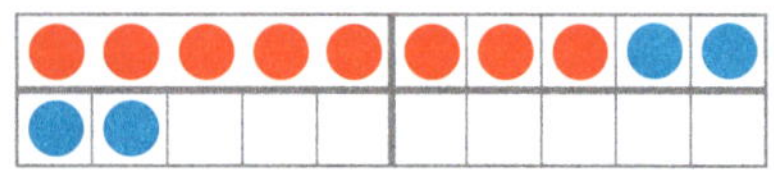

____ + ____ = ____ ____ − ____ = ____
____ + ____ = ____ ____ − ____ = ____

c) 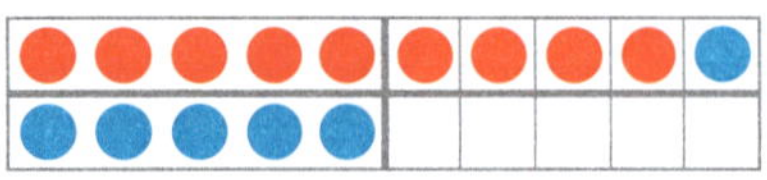

____ + ____ = ____ ____ − ____ = ____
____ + ____ = ____ ____ − ____ = ____

d) 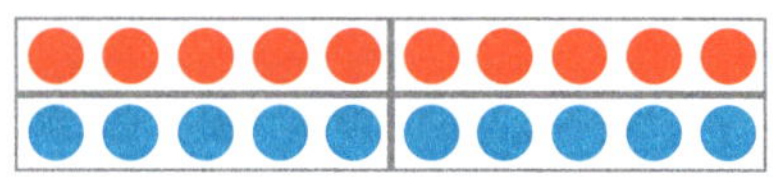

____ + ____ = ____ ____ − ____ = ____
____ + ____ = ____ ____ − ____ = ____

○ **3** Ergänze.

| a) | b) | c) | d) |
|---|---|---|---|
| 6 + ____ = 12 | 10 + ____ = 14 | ____ + 7 = 16 | ____ + 9 = 18 |
| 7 + ____ = 12 | 8 + ____ = 14 | ____ + 10 = 16 | ____ + 13 = 18 |
| 8 + ____ = 12 | 7 + ____ = 14 | ____ + 12 = 16 | ____ + 15 = 18 |

◒ **4** Löse durch Ergänzen oder Wegnehmen.

| | | |
|---|---|---|
| ~~11 − 8~~ | ~~14 − 6~~ | 12 − 9 |
| 13 − 5 | 8 − 4 | 9 − 3 |
| 15 − 6 | 10 − 4 | 18 − 16 |
| 20 − 19 | 17 − 9 | 16 − 14 |

| Ergänzen | Wegnehmen |
|---|---|
| 8 + 3 = 11 | 14 − 6 = |



1, 2 Umkehraufgaben finden und berechnen. 3 Aufgaben durch Ergänzen lösen. 4 Aufgaben durch Ergänzen (Umkehraufgabe) oder durch Wegnehmen (Abdecken) lösen und bzgl. des Rechenaufwandes vergleichen: Wahl des Ergänzens bei geringerer Differenz als Rechenvorteil herausstellen. **Differenzierung:** Geeignete Aufgaben auswählen und das Ergänzen fokussieren.

→ Schulbuch, Seiten 10/11

# Zehnerzahlen

○ **1** Lege und rechne mit Zehnern.

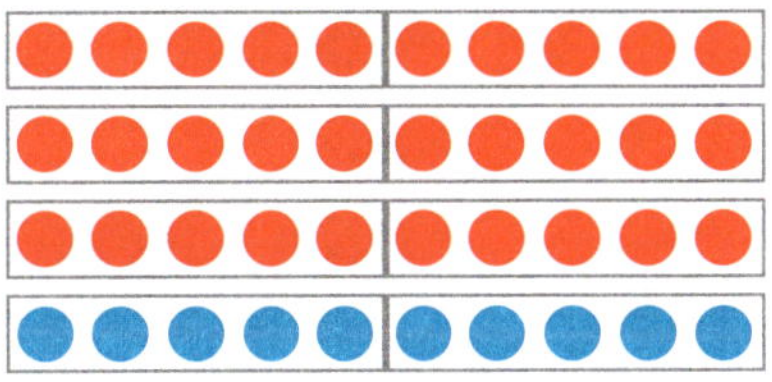

3 Z + ___ Z = ___ Z
30 + ___ = ___

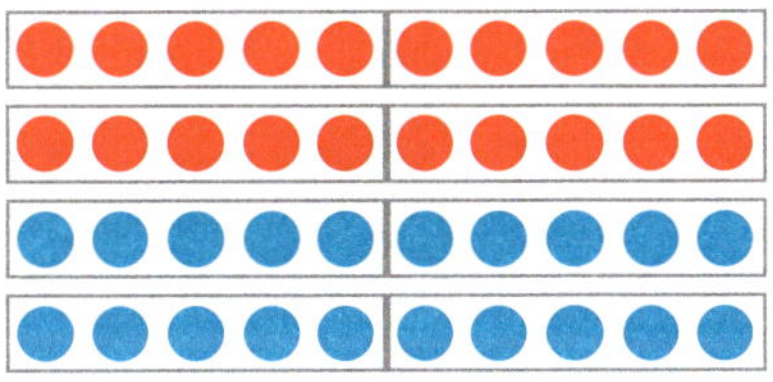

___ Z + ___ Z = ___ Z
___ + ___ = ___

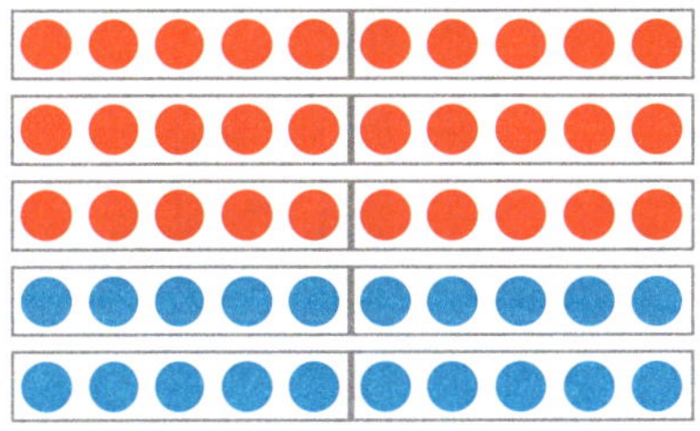

___ Z + ___ Z = ___ Z
___ + ___ = ___

○ **2** Rechne und zeichne.

a) 2Z + 5Z = ___
20 + 50 = ___

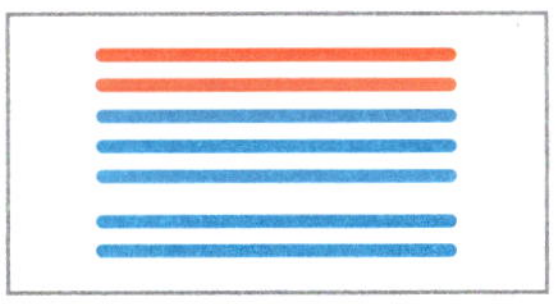

b) 2Z + 6Z = ___
___ + ___ = ___

c) 4Z + 4Z = ___
___ + ___ = ___

○ **3**

a) 10Z – 4Z = ___
100 – 40 = ___

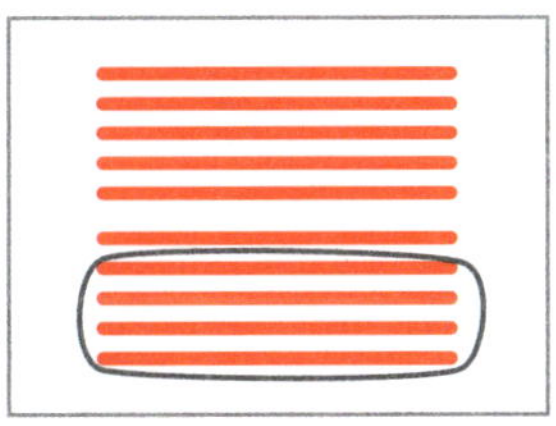

b) 10Z – 3Z = ___
___ – ___ = ___

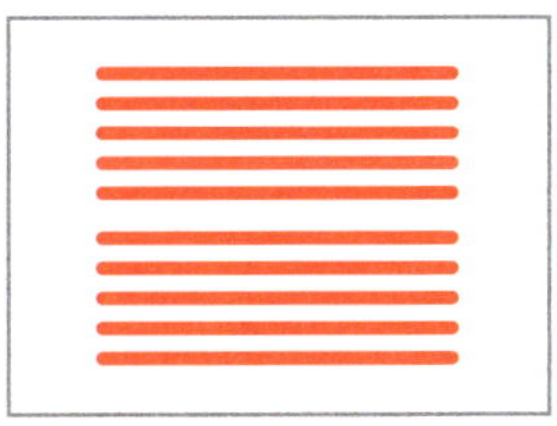

c) 7Z – 2Z = ___
___ – ___ = ___

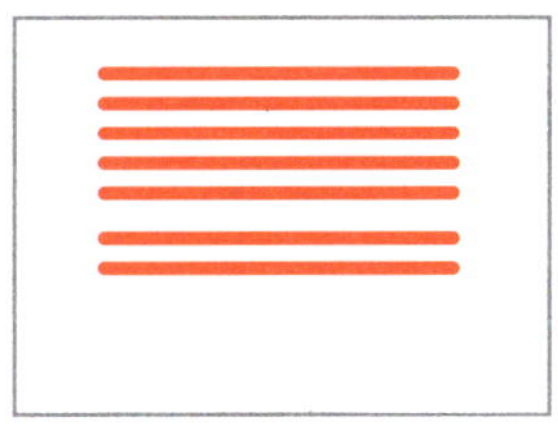

◒ **4** Schöne Päckchen.

a) 90 + 10 = ___
70 + 20 = ___
50 + 30 = ___
30 + 40 = ___

b) 70 + 10 = ___
60 + 20 = ___
50 + 30 = ___
40 + 40 = ___

c) 80 – 20 = ___
70 – 20 = ___
60 – 20 = ___
50 – 20 = ___

d) 100 – 50 = ___
90 – 40 = ___
80 – 30 = ___
70 – 20 = ___

○ **5** Zähle.

a) 10, 20, ___, ___, ___, ___, ___, ___, ___, 100

b) 100, 90, ___, ___, ___, ___, ___, ___, ___, 10

**1–3** Analogien herstellen und mit Zehnern rechnen. **4** Muster zwischen den Aufgaben erkennen und nutzen.
**5** In Zehnerschritten vorwärts und rückwärts zählen.

→ Schulbuch, Seiten 12/13

# Mit Geld rechnen

○ **1** Wie viel zusammen?

a)  ______

b)  ______

c)  ______

d)  ______

e)  ______

f)  ______

◒ **2**

a) 4 € + 1 € = ____ €
40 € + 10 € = ____ €

b) 3 € + 4 € = ____ €
30 € + 40 € = ____ €

c) 4 € + ____ € = 10 €
40 € + ____ € = 100 €

d) 10 € − 4 € = ____ €
100 € − 40 € = ____ €

e) 5 € − 3 € = ____ €
50 € − 30 € = ____ €

f) 10 € − ____ € = 5 €
100 € − ____ € = 50 €

○ **3**

a) Leo kauft: Er gibt:

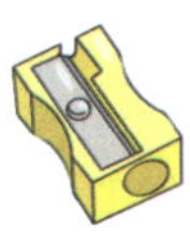

80 Cent

Wie viel bekommt er zurück? ____ Cent

b) Ben kauft: Er gibt:

70 Cent

Wie viel bekommt er zurück? ____ Cent

c) Anna kauft: Sie gibt:

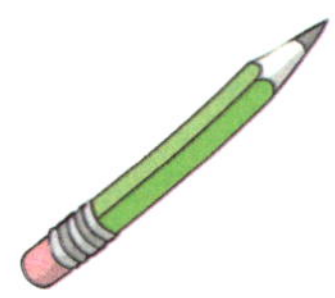

20 Cent

Wie viel bekommt sie zurück? ____ Cent

○ **4** Mila hat 30 Euro gespart.
Lilly hat 10 Euro mehr.
Wie viel Euro hat Lilly?

______

○ **5** Max hat 50 Euro.
Anna hat 20 Euro weniger. ?

______



**1** Mit Zehnern rechnen. **2** Analogie des Rechnens mit Zehnern und Einern. **3–5** Einfache Sachaufgaben zum Rechnen mit Geld.

→ Schulbuch, Seiten 14/15

# Muster legen

1 Setze fort. Markiere das Grundmuster.

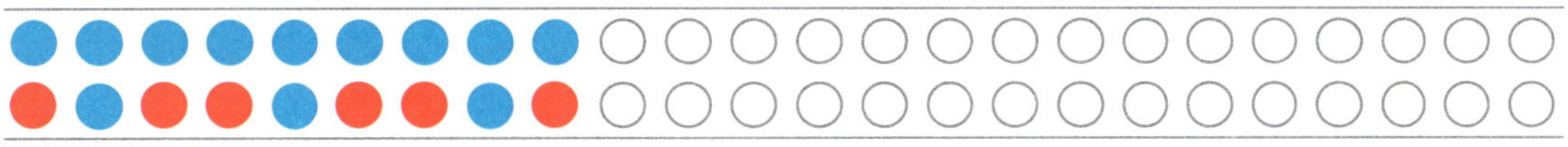

2 Welches Muster beschreibt Ben? Zeichne. Markiere das Grundmuster.

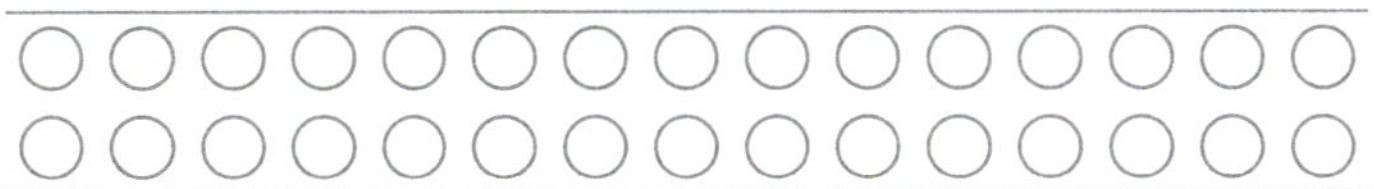

3 Finde den Fehler. Zeichne das Muster neu. Setze fort.

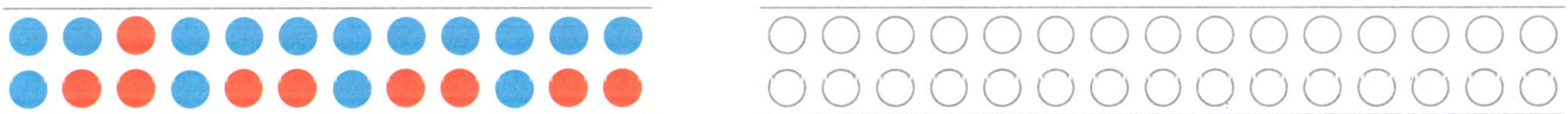

4 Setze fort.

1. Bild | 2. Bild | 3. Bild | 4. Bild | 5. Bild

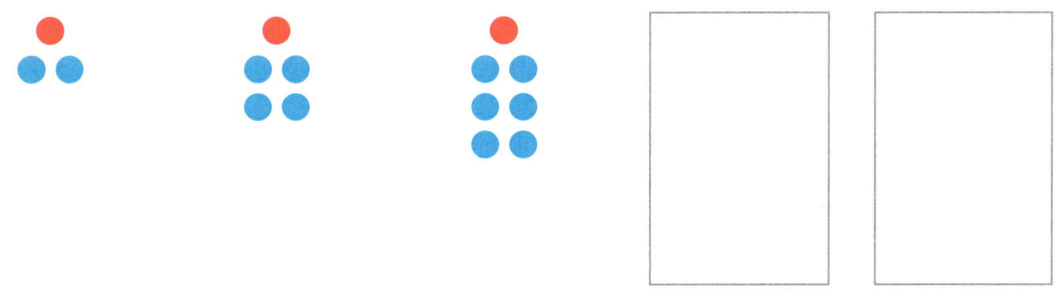

1 + 2 | ___ + ___ | ___ + ___ | ___ + ___ | ___ + ___

5 a) Setze fort.

1. Bild | 2. Bild | 3. Bild | 4. Bild | 5. Bild

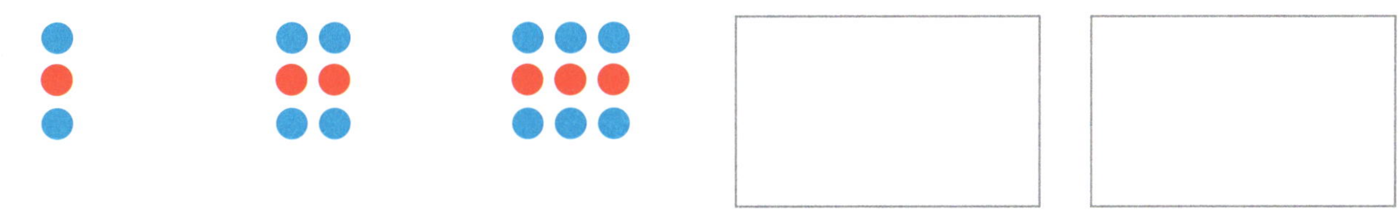

1 + 2 | ___ + ___ | ___ + ___ | ___ + ___ | ___ + ___

b) Wie lautet die 10. Aufgabe? ___ + ___

1 Muster fortsetzen. 2 Muster aufgrund der Beschreibung zeichnen. 3 Fehler in Muster finden und korrigiertes Muster neu zeichnen. 4, 5 Musterfolgen fortsetzen.

→ Schulbuch, Seiten 16/17

# Rückblick

○ **1** Lieblingseis. Zeichne ein Schaubild.

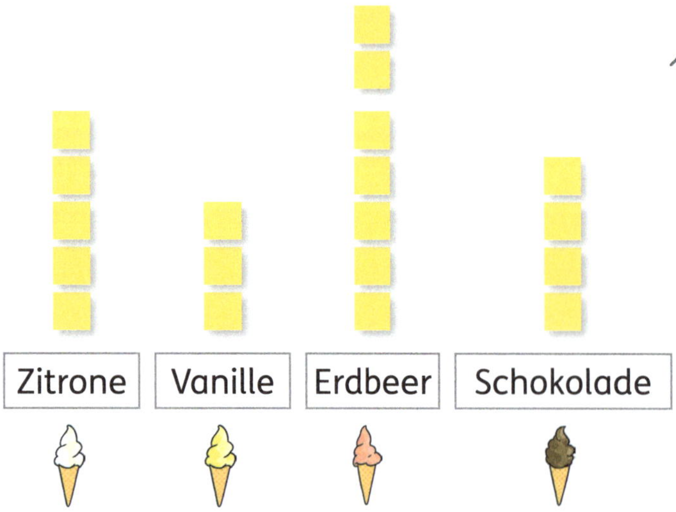

○ **2** Rechne geschickt. Achte auf …

mit 10 · mit 5 · = 10 · doppelt.     5 · 10 · 10 · halb.

a) 6 + 9 = ____
9 + 4 = ____

b) 5 + 6 = ____
8 + 7 = ____

c) 13 − 6 = ____
17 − 9 = ____

d) 12 − 4 = ____
15 − 6 = ____

○ **3** Tauschaufgaben und Umkehraufgaben. Immer vier Aufgaben zu einem Bild.

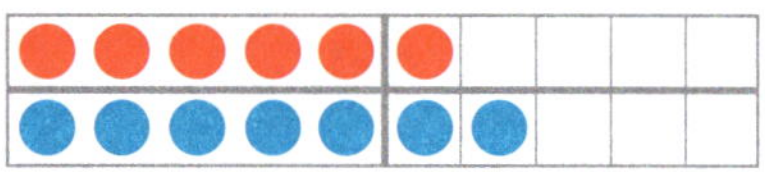

___ + ___ = ___    ___ − ___ = ___
___ + ___ = ___    ___ − ___ = ___

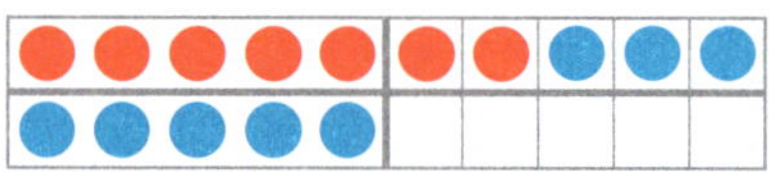

___ + ___ = ___    ___ − ___ = ___
___ + ___ = ___    ___ − ___ = ___

○ **4** Mit Zehnern rechnen wie mit Einern.

a) 50 + 50 = ____    b) 70 + 30 = ____    c) 70 − 50 = ____    d) 100 − 30 = ____

○ **5** Zeichne aus dem Grundmuster ein Muster.

a) 

b) 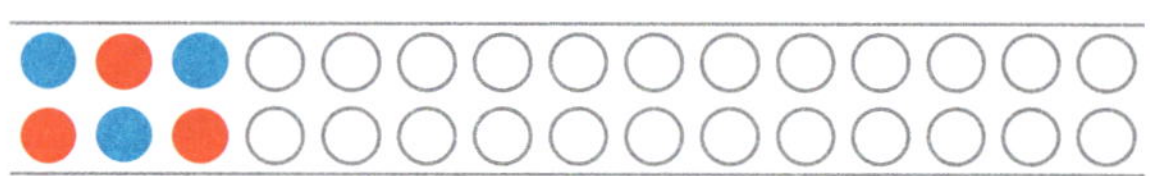



Wesentliche Inhalte des Kapitels noch einmal reflektieren, die eigenen Kompetenzen einschätzen.

→ Schulbuch, Seiten 20/21

## 1 Welcher Körper? Verbinde.

Kugel

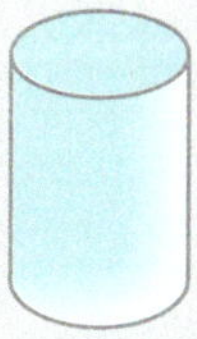

Zylinder

Quader

Würfel kein Würfel

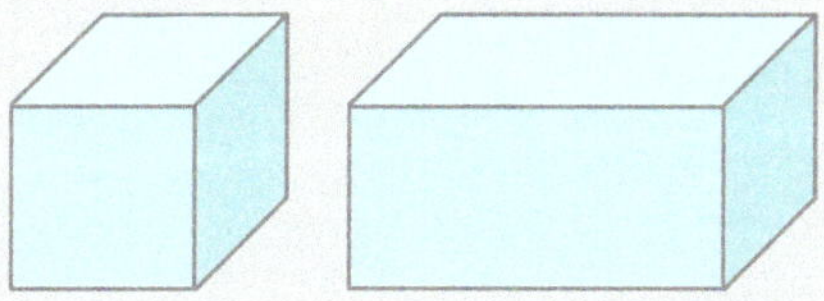

## 2 Schreibe Steckbriefe.

Steckbrief „Quader"

Ein Quader hat ____ Flächen.

Ein Quader hat ____ Ecken.

Ein Quader hat ____ Kanten.

Folgende Dinge haben diese Form:

_______________

_______________

_______________

Steckbrief „Zylinder"

Ein Zylinder hat ____ Flächen.

Ein Zylinder hat ____ Ecken.

Ein Zylinder hat ____ Kanten.

Folgende Dinge haben diese Form:

_______________

_______________

_______________

1 Gegenstände bzw. Objekte den Körperformen zuordnen. 2 Steckbriefe zu Quader und Zylinder vervollständigen. Im Unterricht weitere Steckbriefe anlegen.

→ Schulbuch, Seiten 22/23

# Würfelgebäude

**1** Zeichne die Baupläne.

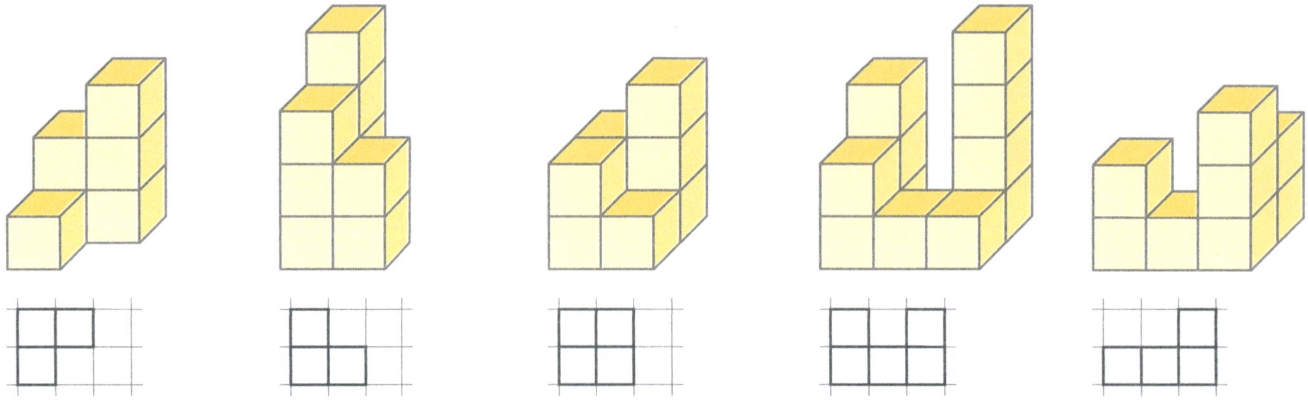

**2** Immer 1 Würfel **mehr**. Wie geht es weiter? Zeichne die Baupläne.

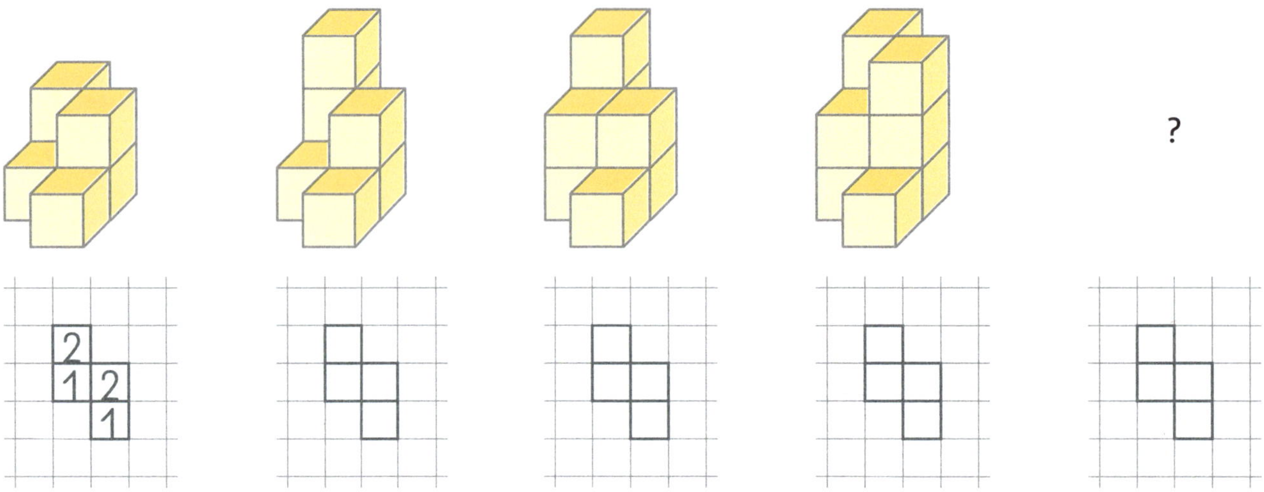


**3** Immer 1 Würfel **weniger**. Wie geht es weiter? Zeichne die Baupläne.

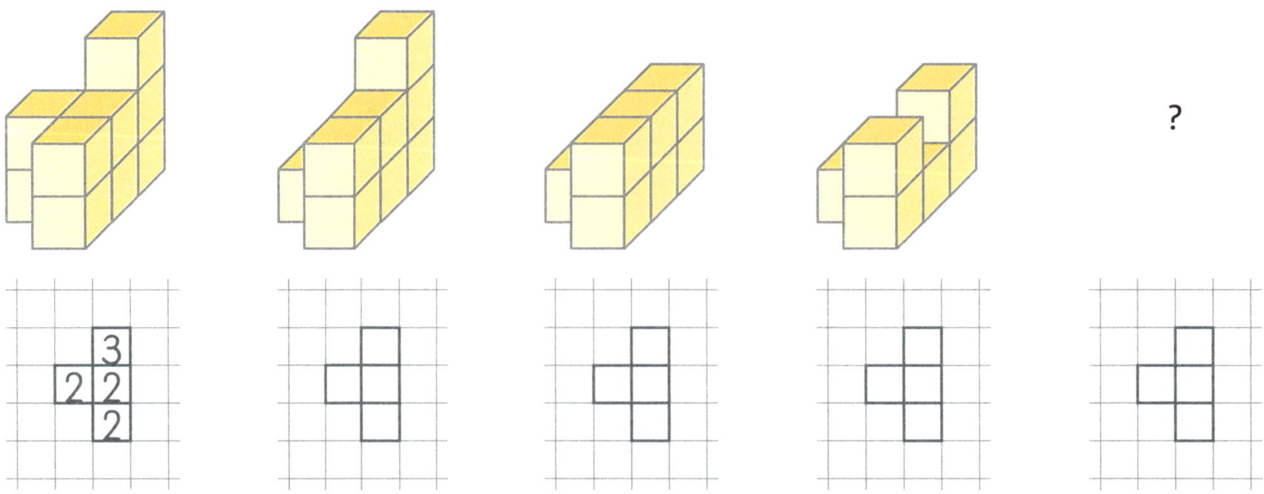




**1** Bauplan aller sichtbarer Würfel zeichnen. **2, 3** Baupläne zeichnen, Muster erkennen. Im letzten Bauplan fortsetzen. Bei allen Aufgaben evtl. Würfel benutzen und Gebäude nachbauen.

→ Schulbuch, Seiten 24/25

# Zählen, Bündeln und Schätzen

**1** Wie viele **Z**ehner (**Z**), wie viele **E**iner (**E**)?

a)

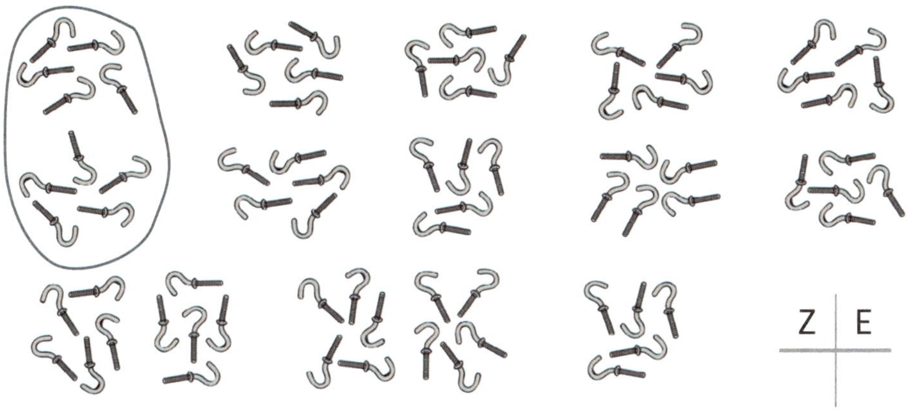

| Z | E |
|---|---|
| | |

___ + ___ = ___

b)

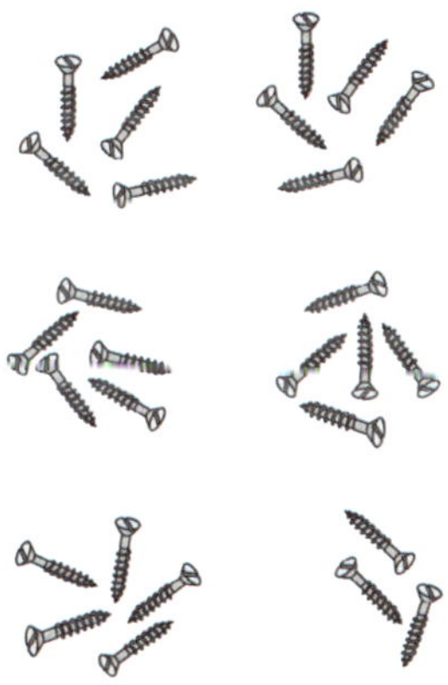

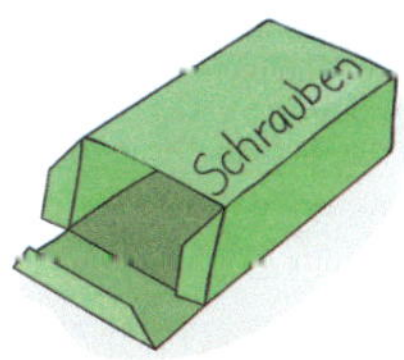


| Z | E |
|---|---|
| | |

___ + ___ = ___

c)

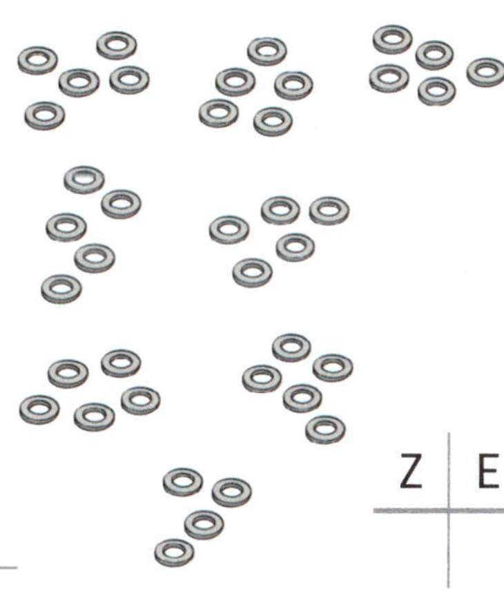

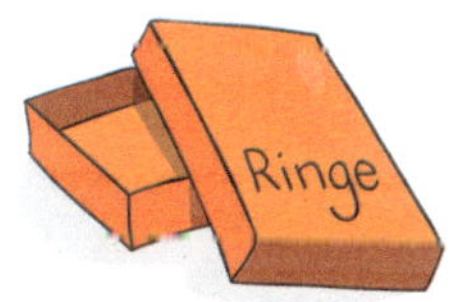


| Z | E |
|---|---|
| | |

___ + ___ = ___

d)

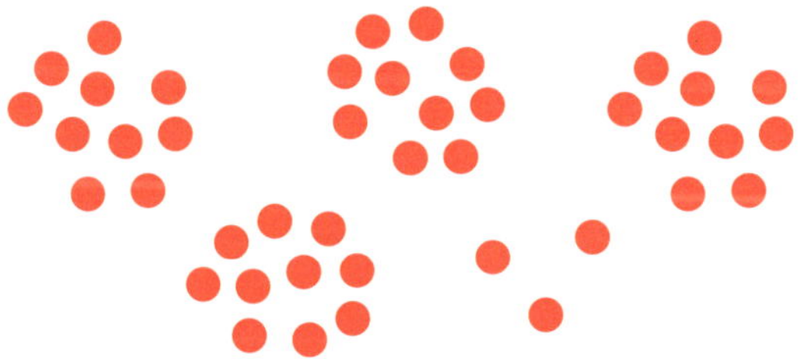

| Z | E |
|---|---|
| | |

___ + ___ = ___

e)

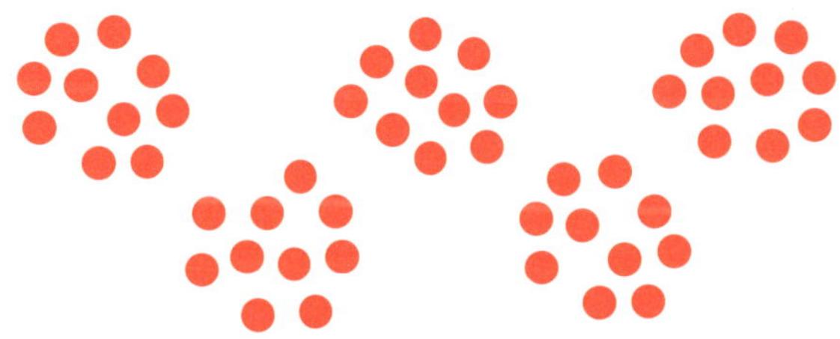

| Z | E |
|---|---|
| | |

___ + ___ = ___

**2** Wie viele **Z**ehner, wie viele **E**iner?

a)

| Z | E |
|---|---|
| | |

___ + ___ = ___

b)

| Z | E |
|---|---|
| | |

___ + ___ = ___

c)

| Z | E |
|---|---|
| | |

___ + ___ = ___

**1, 2** Schnelles Sehen von Anzahlen, Unterschied zwischen 1 Zehner und 10 Einern bewusst machen. Stellenwerttafel und Schreibweise der Zahlen herausstellen.

→ Schulbuch, Seiten 26/27

# Zählen, Bündeln und Schätzen

**1** Wie viele? Bündele immer zehn 1-Euro-Münzen.

a)

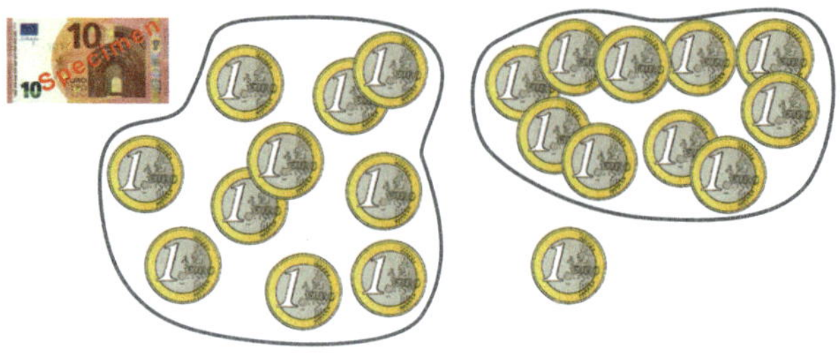

| Z | E |
|---|---|
| | |

___ + ___ = ___

b)

| Z | E |
|---|---|
| | |

___ + ___ = ___

**2** Wie viele? Bündele immer 10 **E**inerplättchen zu 1 **Z**ehnerstreifen.

a) 46 **E**iner

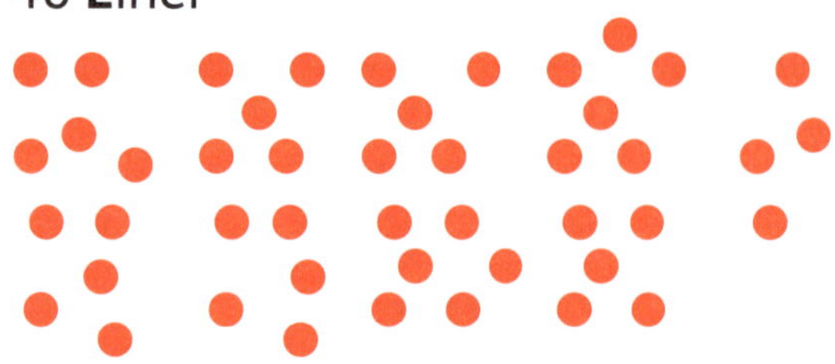

| Z | E |
|---|---|
| | |

___ + ___ = ___

b) 32 **E**iner

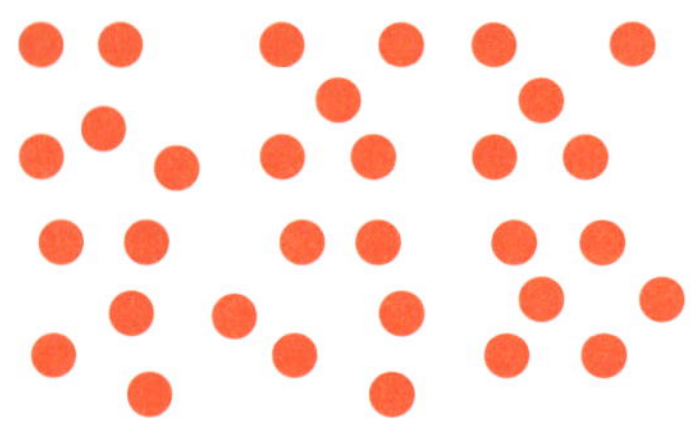

| Z | E |
|---|---|
| | |

___ + ___ = ___

c) 2 **Z**ehner, 24 **E**iner

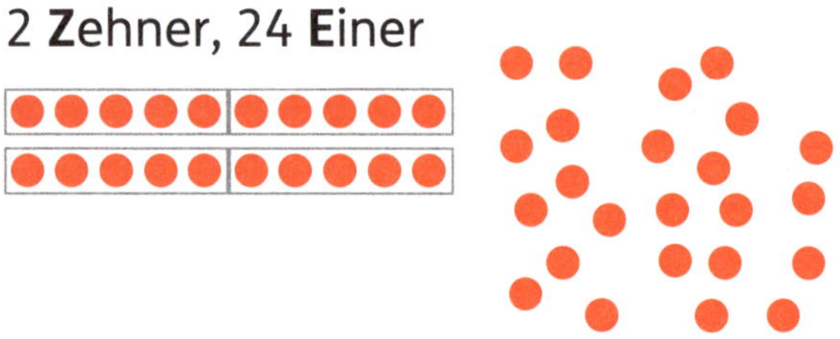

| Z | E |
|---|---|
| | |

___ + ___ = ___

d) 4 **Z**ehner, 18 **E**iner

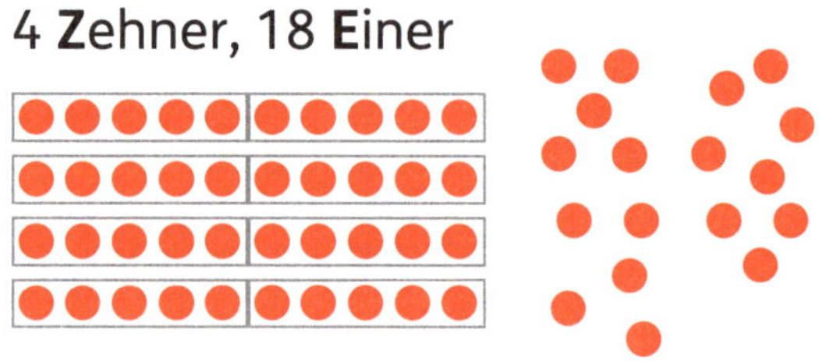

| Z | E |
|---|---|
| | |

___ + ___ = ___

**3** Bündele immer 10 **E**iner zu 1 **Z**ehner. Schreibe als Zahl in die Stellentafel.

a) 1 **Z** 15 **E**

| Z | E |
|---|---|
| 2 | 5 |

25

4 **Z** 15 **E**

| Z | E |
|---|---|
| | |

___

b) 2 **Z** 27 **E**

| Z | E |
|---|---|
| | |

___

2 **Z** 28 **E**

| Z | E |
|---|---|
| | |

___



1–3 Unterschiedliche Darstellungen einer Zahl in Zehner und Einer erkennen, in der Stellenwerttafel und als Additionsaufgabe notieren. Bündeln von 10 Einer in 1 Zehner.

→ Schulbuch, Seiten 26/27

# Die Zahlen bis 100

○ **1** Welche Zahlen?

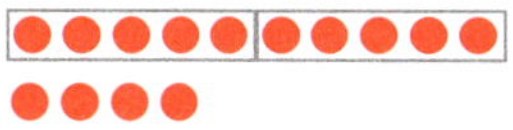

10

4

| Z | E |
|---|---|
| 1 | 4 |

10 + 4 = 14

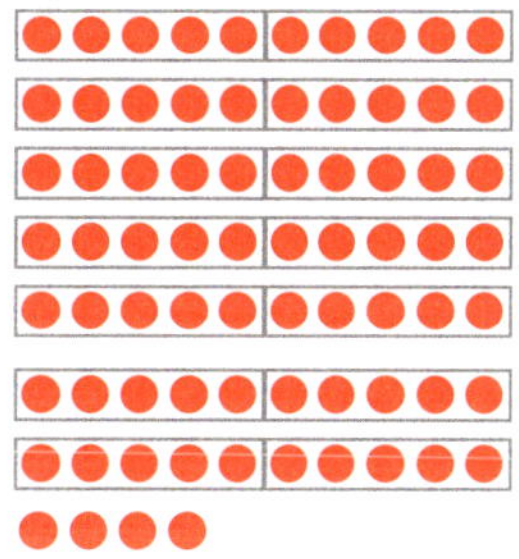

| Z | E |
|---|---|
| | |

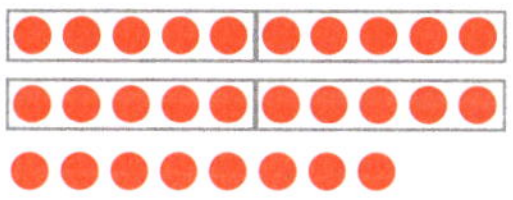

| Z | E |
|---|---|
| | |

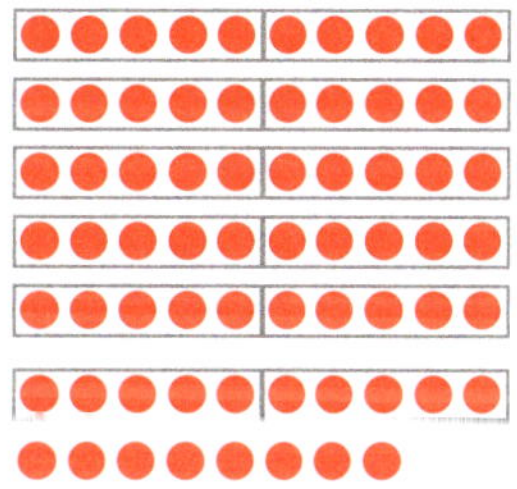

| Z | E |
|---|---|
| | |

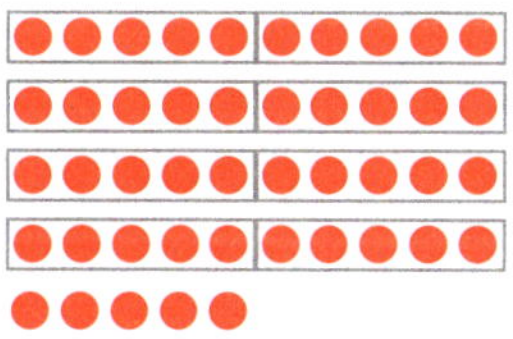

| Z | E |
|---|---|
| | |

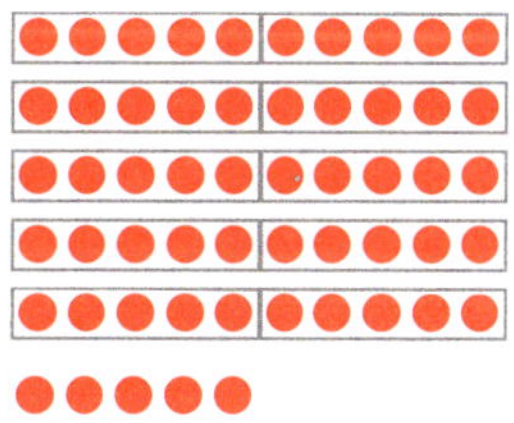

| Z | E |
|---|---|
| | |

○ **2** Welche Zahlen?

50 + 1 = 51 10 + 9 = ____
60 + 2 = ____ 20 + 8 = ____
70 + 3 = ____ 30 + 7 = ____
80 + 4 = ____ 40 + 6 = ____
90 + 5 = ____ 50 + 5 = ____

○ **3** Zerlege.

82 = 80 + 2 95 = ____ + ____
64 = ____ + ____ 86 = ____ + ____
46 = ____ + ____ 77 = ____ + ____
28 = ____ + ____ 68 = ____ + ____
10 = ____ + ____ 59 = ____ + ____

○ **4** Lege und rechne.

a) 17 + ____ = 27 b) 11 + ____ = 61 c) 15 + ____ = 75 d) 32 + ____ = 42
27 + ____ = 37 21 + ____ = 71 25 + ____ = 65 12 + ____ = 22
37 + ____ = 47 31 + ____ = 81 35 + ____ = 55 42 + ____ = 52
47 + ____ = 57 41 + ____ = 91 45 + ____ = 45 52 + ____ = 62

**1** Zahlen erkennen und mit Zehnerstreifen, Zahlenkarten und Stellenwerttafel darstellen. **2, 3** Zahlen aus Zehnern und Einern zusammensetzen und zerlegen. **4** Zahlen um Zehner verändern und darstellen.

→ Schulbuch, Seiten 28/29

## 1 Zeichne die Zahlbilder und schreibe die Zahlen.

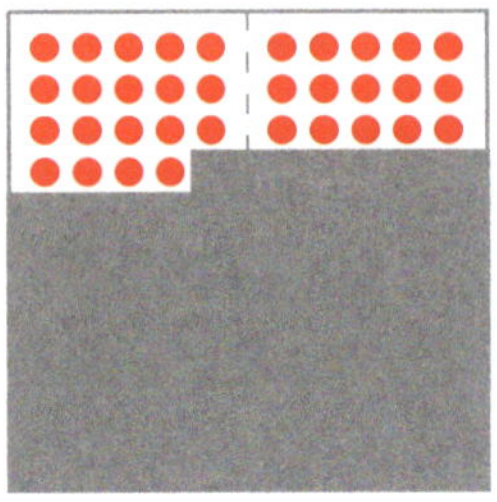

30

4

| Z | E |
|---|---|
| 3 | 4 |

34

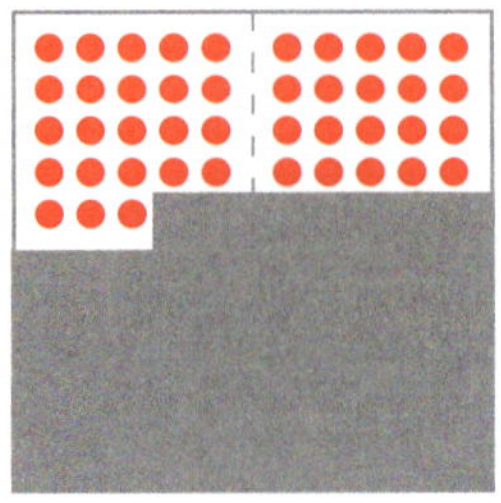

| Z | E |
|---|---|
| | |

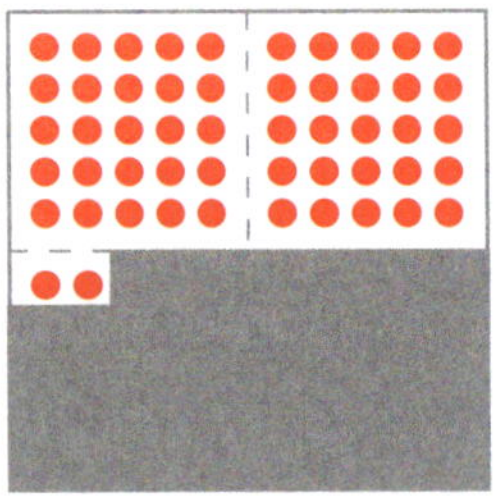

| Z | E |
|---|---|
| | |

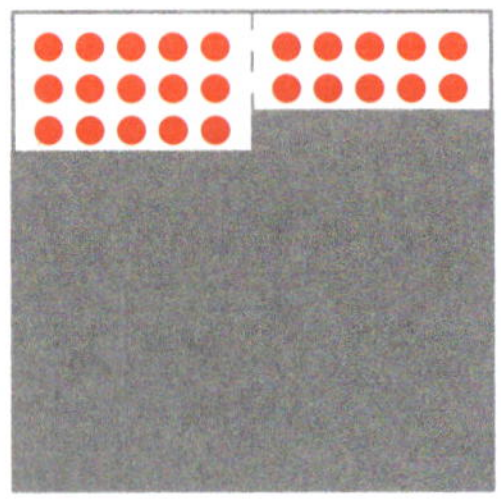

| Z | E |
|---|---|
| | |

## 2 Welche Zahlen?

| Z | E |
|---|---|
| | |

| Z | E |
|---|---|
| | |

| Z | E |
|---|---|
| | |

| Z | E |
|---|---|
| | |

| Z | E |
|---|---|
| | |

| Z | E |
|---|---|
| | |

| Z | E |
|---|---|
| | |

| Z | E |
|---|---|
| | |

## 3 Rechne.

a) 10 + 5 = ____
15 − 5 = ____

b) 20 + 6 = ____
26 − 6 = ____

c) 40 + 8 = ____
48 − 8 = ____

d) 90 + 1 = ____
91 − 1 = ____

e) 30 + 7 = ____
37 − 7 = ____

f) 80 + 3 = ____
83 − 3 = ____

g) 60 + 2 = ____
____ − ____ = ____

h) ____ + ____ = ____
____ − ____ = ____



**1, 2** Zahlbilder erkennen. **3** Zahlen aus Zehnern und Einern zusammensetzen und um die Einer auf eine Zehnerzahl reduzieren.

→ Schulbuch, Seiten 30/31

# Das Hunderterfeld

**1** Ergänze immer bis 100.

a) 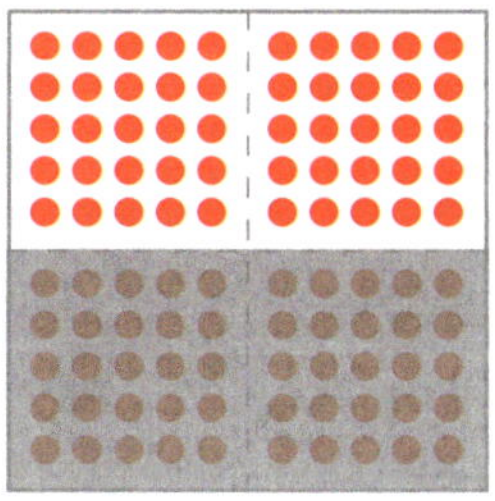

50 + ____

b) 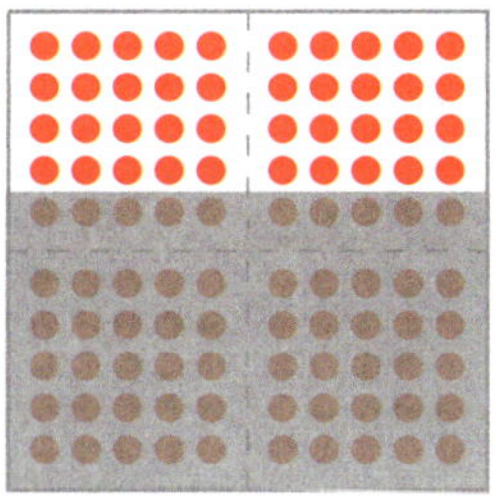

____ + ____

c) 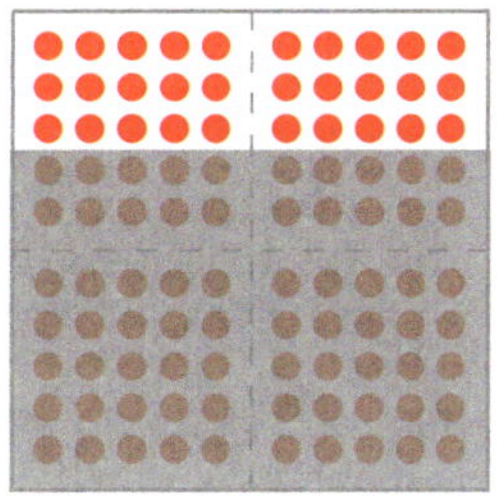

____ + ____

d) 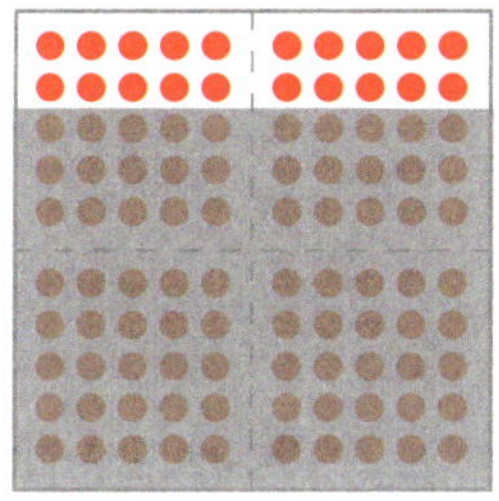

____ + ____

e) 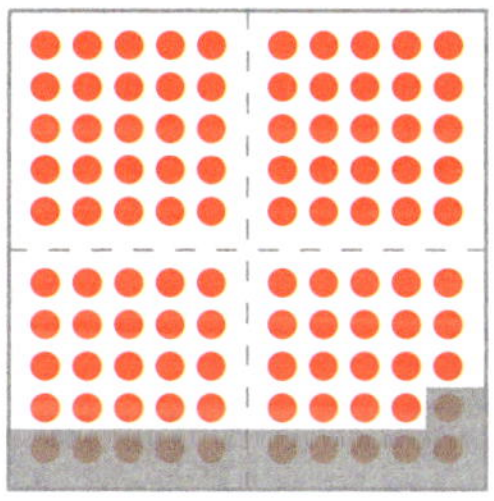

____ + ____

f) 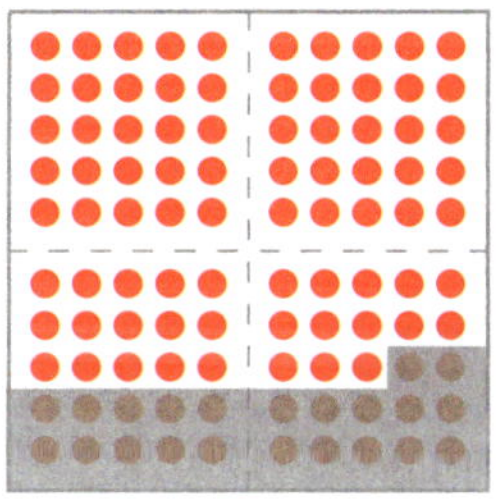

____ + ____

g) 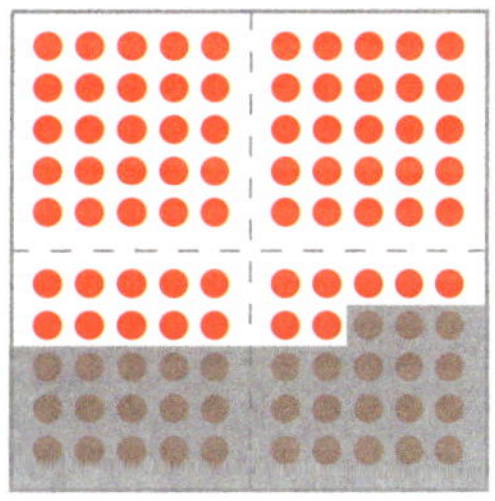

____ + ____

h) 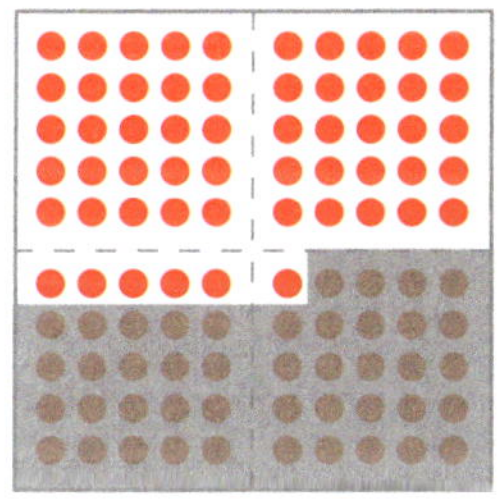

____ + ____

i) 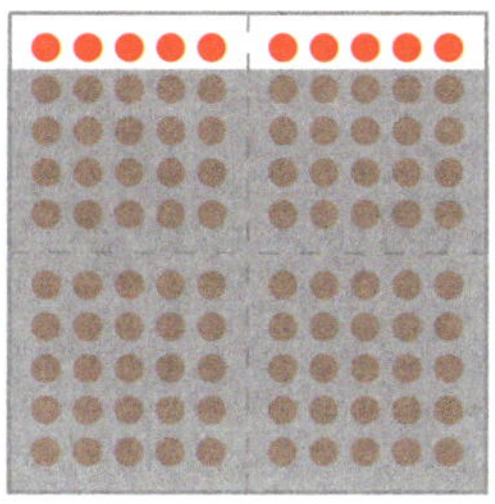

____ + ____

j) 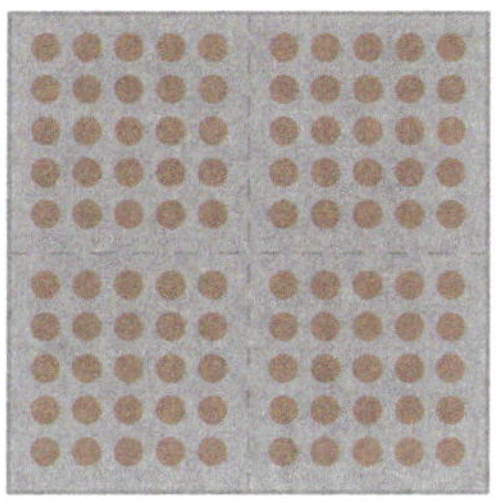

____ + ____

k) 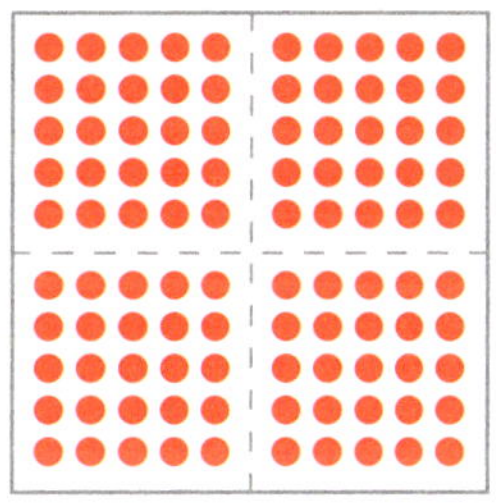

____ + ____

**2**

a)

| 100 |
|---|
| 80 + |
| 60 + |
| 40 + |
| 20 + |
| 0 + |

b)

| 100 |
|---|
| + 70 |
| + 30 |
| + 50 |
| + 10 |
| + 90 |

c)

| 100 |
|---|
| 92 + |
| 82 + |
| 72 + |
| 62 + |
| 52 + |

d)

| 100 |
|---|
| 83 + |
| 38 + |
| 88 + |
| 33 + |
| 55 + |

e)

| 100 |
|---|
| + |
| + |
| + |
| + |
| + |

**3**

a) 95 + ____ = 100
85 + ____ = 100
75 + ____ = 100

b) 96 + ____ = 100
86 + ____ = 100
76 + ____ = 100

c) 10 + ____ = 100
20 + ____ = 100
30 + ____ = 100

d) 15 + ____ = 100
25 + ____ = 100
35 + ____ = 100

1 Struktur des Hunderterfelds beim Ergänzen nutzen. **2, 3** Ergänzungen zur 100, Struktur zwischen den Aufgaben nutzen.

→ Schulbuch, Seiten 30/31

# Der Zahlenstrahl bis 100

**1** a) Welche Zahlen?

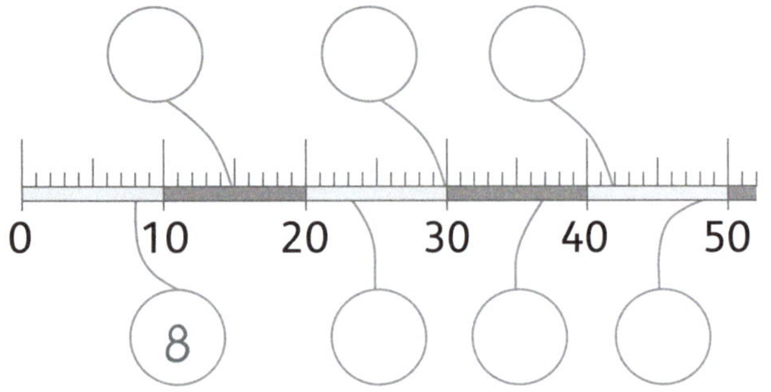


b) Verbinde.

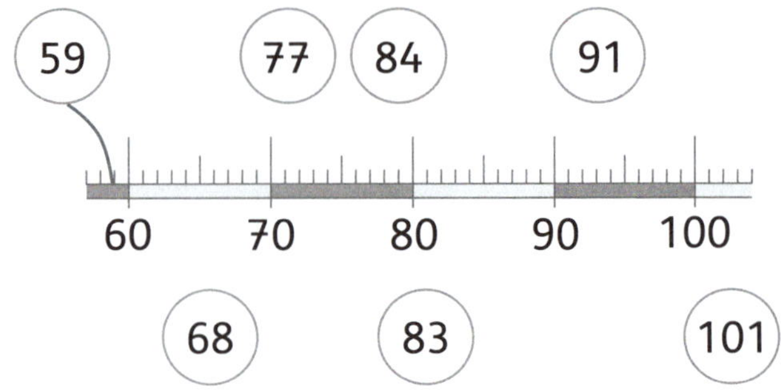


**2** Nachbarzahlen.

a) 8, 9, 10 — ___, 29, ___ — ___, 49, ___ — ___, 69, ___

b) 19, 20, 21 — ___, 40, ___ — ___, 60, ___ — ___, 80, ___

c) 53, 54, 55 — ___, 65, ___ — ___, 76, ___ — ___, 87, ___

d) ___, 61, ___ — ___, 16, ___ — ___, 66, ___ — ___, 60, ___

**3** Zurück zum Vorgänger und vorwärts zum Nachfolger.

| a) | b) | c) | d) |
|---|---|---|---|
| 36 − 1 = ___ | 25 − 1 = ___ | 49 − 1 = ___ | 70 − 1 = ___ |
| 36 + 1 = ___ | 25 + 1 = ___ | 49 + 1 = ___ | 70 + 1 = ___ |

**4** Zurück zum Nachbarzehner.

| a) | b) | c) | d) |
|---|---|---|---|
| 34 − 4 = 30 | 51 − ___ = 50 | 17 − ___ = 10 | 74 − ___ = ___ |
| 44 − ___ = 40 | 61 − ___ = 60 | 28 − ___ = 20 | 55 − ___ = ___ |

**5** Vorwärts zum Nachbarzehner.

| a) | b) | c) | d) |
|---|---|---|---|
| 16 + ___ = 20 | 12 + ___ = 20 | 53 + ___ = 60 | 74 + ___ = ___ |
| 26 + ___ = 30 | 22 + ___ = 30 | 64 + ___ = 70 | 55 + ___ = ___ |

**6** < oder > oder =?

| a) | b) | c) | d) |
|---|---|---|---|
| 12 ◯ 10 | 25 ◯ 10 + 20 | 12 + 8 ◯ 30 | ___ + ___ < 50 |
| 12 ◯ 20 | 35 ◯ 10 + 30 | 24 + 6 ◯ 30 | ___ + ___ = 50 |
| 22 ◯ 14 | 42 ◯ 20 + 4 | 56 + 14 ◯ 60 | ___ + ___ = 50 |
| 22 ◯ 24 | 42 ◯ 40 + 2 | 56 + 34 ◯ 70 | ___ + ___ > 50 |

1–6 Aufgaben mithilfe des Zahlenstrahls bis 100 lösen.

→ Schulbuch, Seiten 32/33

# Der Rechenstrich

○ **1** Trage die Zahlen ungefähr ein.

a) 50, 25, 75, 49, 26, 99, 1

0 — 50 — 100

b) 75, 70, 90, 80, 60

50 — 100

○ **2** Immer 10 vor und zurück.

a) 7, 17, ___, ___, ___, ___, ___, ___, ___, ___

b) ___, ___, ___, ___, ___, ___, ___, ___, 81, 91

○ **3** Ergänze bis 100.

a) 37 —(3)→ 40 —(60)→ 100

37 + ___ = 100

b) 43 — 100

43 + ___ = 100

c) 78 — 100

78 + ___ = 100

d) 53 — 100

53 + ___ = 100

○ **4**

| a) | b) | c) | d) |
|---|---|---|---|
| 92 + ___ = 100 | 83 + ___ = 100 | 55 + ___ = 100 | 99 + ___ = 100 |
| 82 + ___ = 100 | 73 + ___ = 100 | 65 + ___ = 100 | 88 + ___ = 100 |
| 72 + ___ = 100 | 63 + ___ = 100 | 75 + ___ = 100 | 77 + ___ = 100 |
| 62 + ___ = 100 | 53 + ___ = 100 | 85 + ___ = 100 | 66 + ___ = 100 |

**1** Zahlen am Rechenstrich verorten. **2** Zehnersprünge vor- und rückwärts am Rechenstrich. **3** Ergänzen bis 100 am Rechenstrich. **4** Ergänzen bis 100.

→ Schulbuch, Seiten 34/35

# Die Hundertertafel

**1** a) Kreise ein.

rot: Der Einer ist 5.
blau: Der Zehner ist 5.
gelb: Der Einer ist 1.
grün: Der Zehner ist 1.
grau: Zehner und Einer sind gleich (Paschzahlen).

| 1 | 2 | 3 | 4 | 5 | 6 | 7 | 8 | 9 | 10 |
|---|---|---|---|---|---|---|---|---|---|
| 11 | 12 | 13 | 14 | 15 | 16 | 17 | 18 | 19 | 20 |
| 21 | 22 | 23 | 24 | 25 | 26 | 27 | 28 | 29 | 30 |
| 31 | 32 | 33 | 34 | 35 | 36 | 37 | 38 | 39 | 40 |
| 41 | 42 | 43 | 44 | 45 | 46 | 47 | 48 | 49 | 50 |
| 51 | 52 | 53 | 54 | 55 | 56 | 57 | 58 | 59 | 60 |
| 61 | 62 | 63 | 64 | 65 | 66 | 67 | 68 | 69 | 70 |
| 71 | 72 | 73 | 74 | 75 | 76 | 77 | 78 | 79 | 80 |
| 81 | 82 | 83 | 84 | 85 | 86 | 87 | 88 | 89 | 90 |
| 91 | 92 | 93 | 94 | 95 | 96 | 97 | 98 | 99 | 100 |

b) Wie heißen die Zahlen? Schreibe auf.

rot: 5, 15, ____
blau: ____
gelb: ____
grün: ____
grau: ____

c) Was fällt dir auf? Beschreibe und begründe.

____
____

**2** Zeige und setze fort.

a)
10, 20, 30, ___, ___, ___
2, 12, 22, ___, ___, ___
100, 90, 80, ___, ___, ___
96, 86, 76, ___, ___, ___

b)
20, 25, ___, ___, ___
80, 85, ___, ___, ___
45, 40, ___, ___, ___
95, 90, ___, ___, ___

**3** Schöne Ausschnitte. Finde die fehlenden Zahlen.

| | | |
|---|---|---|
| | 33 | |
| | | |

| | | |
|---|---|---|
| | 55 | |
| | | |

| | | |
|---|---|---|
| | 77 | |
| | | |

| | | |
|---|---|---|
| | 88 | |
| | | |

| | | |
|---|---|---|
| | | |
| | | |

Was fällt dir auf? Beschreibe. ____

____



1, 2 Vorgegebene Zahlen in der Hundertertafel farbig einkreisen und notieren, Muster und operative Veränderungen (+10/−10 oder +11/−11).

→ Schulbuch, Seite 36

# Rückblick

1 Wie viele **Z**ehner (**Z**)? Wie viele **E**iner (**E**)? Schreibe die Zahlen.

a) 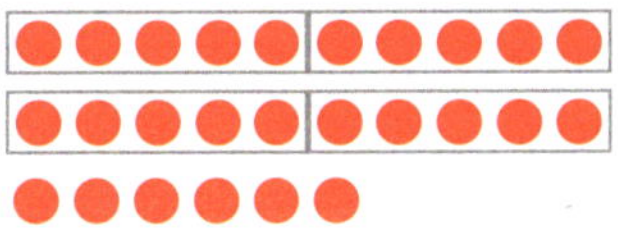

| Z | E |
|---|---|
| | |

___ + ___ = ___

b) 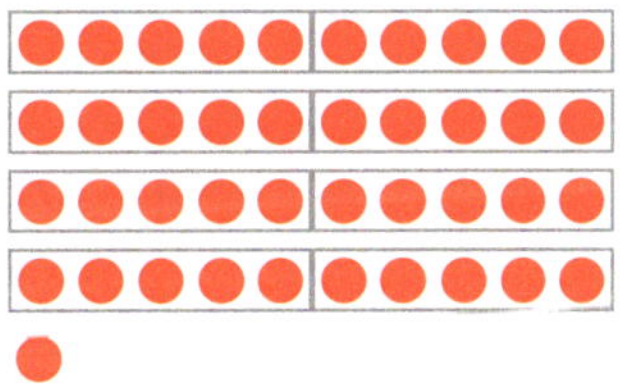

| Z | E |
|---|---|
| | |

___ + ___ = ___

c) 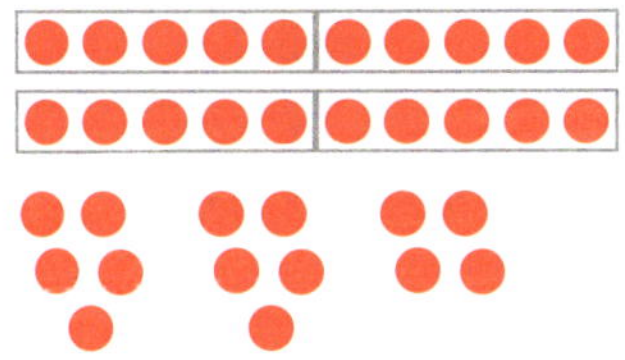

| Z | E |
|---|---|
| | |

___ + ___ = ___

4 < oder > oder =?

a) 23 ◯ 32
23 ◯ 20

b) 50 ◯ 54
55 ◯ 54

c) 36 ◯ 63
45 ◯ 54

d) 10 + 8 ◯ 17
20 + 2 ◯ 2

e) 50 ◯ 55 − 5
50 ◯ 50 + 5

5 Trage die Zahlen am Rechenstrich ein.

a) 1, 10, 25, 49

0 ———————— 50

b) 5, 50, 10, 65, 99

0 ———————— 100

6 Ergänze bis 100.

a)

40 ———————— 100

40 + ___ = 100

b)

___ ———————— ___

45 + ___ = 100

7 Welche Körper? Verbinde.

Kugel | Zylinder | Würfel

8 Zeichne den Bauplan.

Wesentliche Inhalte des Kapitels noch einmal reflektieren, die eigenen Kompetenzen einschätzen.
→ Schulbuch, Seiten 38/39

# Einfache Plusaufgaben

**1** Mit Zehnern rechnen.

a) 32 + 10 = ____
32 + 20 = ____
32 + 30 = ____

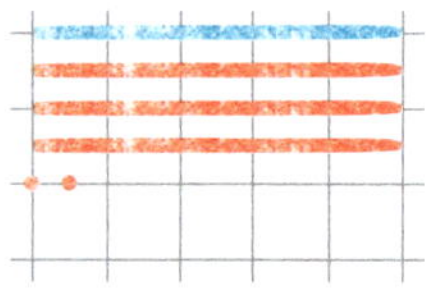

| b) | c) | d) | e) |
|---|---|---|---|
| 45 + 10 = ____ | 57 + 10 = ____ | 20 + 30 = ____ | 40 + 10 = ____ |
| 45 + 20 = ____ | 57 + 20 = ____ | 20 + 42 = ____ | 40 + 17 = ____ |
| 45 + 30 = ____ | 57 + 30 = ____ | 20 + 54 = ____ | 40 + 24 = ____ |

| f) | g) | h) | i) |
|---|---|---|---|
| 30 + 7 = ____ | 5 + 50 = ____ | 6 + 30 = ____ | 15 + 60 = ____ |
| 30 + 37 = ____ | 14 + 50 = ____ | 17 + 30 = ____ | 28 + 60 = ____ |
| 30 + 47 = ____ | 23 + 50 = ____ | 28 + 30 = ____ | 40 + 60 = ____ |

**2** Mit Einern rechnen.

a) 4 + 2 = ____
34 + 2 = ____
54 + 2 = ____

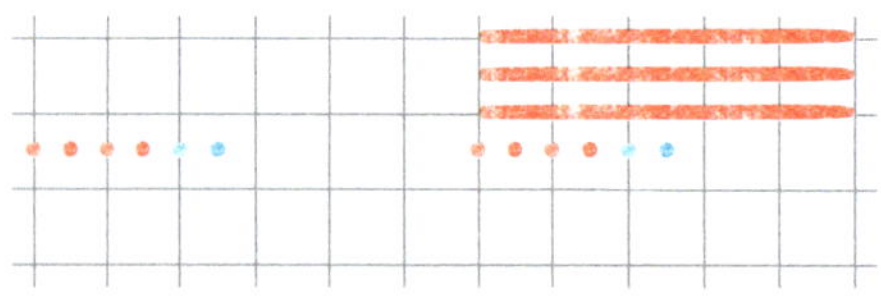

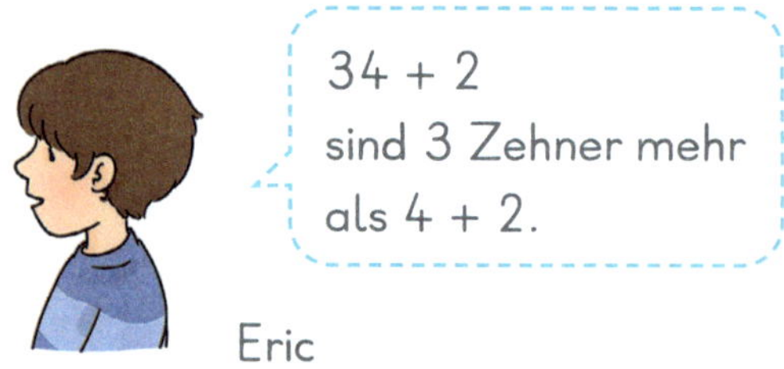


| b) | c) | d) | e) |
|---|---|---|---|
| 7 + 2 = ____ | 4 + 3 = ____ | 5 + 2 = ____ | 1 + 8 = ____ |
| 17 + 2 = ____ | 54 + 3 = ____ | 25 + 2 = ____ | 51 + 8 = ____ |
| 27 + 2 = ____ | 74 + 3 = ____ | 45 + 2 = ____ | 91 + 8 = ____ |

**3** Schöne Päckchen. Setze fort.

| a) | b) | c) | d) |
|---|---|---|---|
| 32 + 6 = ____ | 44 + 2 = ____ | 52 + 4 = ____ | 63 + 5 = ____ |
| 32 + 7 = ____ | 44 + 4 = ____ | 54 + 4 = ____ | 65 + 5 = ____ |
| 32 + 8 = ____ | 44 + 6 = ____ | 56 + 4 = ____ | 67 + 5 = ____ |
| 32 + 9 = ____ | 44 + 8 = ____ | 58 + 4 = ____ | 69 + 5 = ____ |
| ________ | ________ | ________ | ________ |

| e) | f) | g) | h) |
|---|---|---|---|
| 17 + 5 = ____ | 13 + 8 = ____ | 14 + 9 = ____ | 16 + 7 = ____ |
| 37 + 5 = ____ | 33 + 8 = ____ | 24 + 9 = ____ | 26 + 7 = ____ |
| 57 + 5 = ____ | 53 + 8 = ____ | 34 + 9 = ____ | 36 + 7 = ____ |
| 77 + 5 = ____ | 73 + 8 = ____ | 44 + 9 = ____ | 46 + 7 = ____ |
| ________ | ________ | ________ | ________ |

1–3 Einfache Plusaufgaben rechnen.

→ Schulbuch, Seiten 42/43

# Schwierige Plusaufgaben

**1** Verdopple.

40 + 40 = ____ 30 + 30 = ____ 20 + 20 = ____ 10 + 10 = ____

1 + 1 = ____ 2 + 2 = ____ 3 + 3 = ____ 6 + 6 = ____

41 + 41 = ____ 32 + 32 = ____ 23 + 23 = ____ 16 + 16 = ____

**2** Verdopple.

a)

| 5 | 15 | 25 | 35 | 45 |
|---|---|---|---|---|
| | | | | |

b)

| 6 | 16 | 26 | 36 | 46 |
|---|---|---|---|---|
| | | | | |

**3** Rechne **in Schritten vorwärts** oder mit **Zehnern und Einern extra**.

a) 38 + 51 =

b) 47 + 34 =

c) 33 + 47 =

d) 59 + 26 =

e) 76 + 12 =

f) 16 + 65 =

g) 64 + 17 =

h) 25 + 58 =

**4**

a) 3 + 6 = ____
3 + 16 = ____

b) 5 + 4 = ____
5 + 44 = ____

c) 7 + 7 = ____
37 + 7 = ____

d) 5 + 7 = ____
25 + 7 = ____

e) 23 + 30 = ____
23 + 36 = ____

f) 17 + 51 = ____
17 + 61 = ____

g) 24 + 18 = ____
64 + 18 = ____

h) 46 + 14 = ____
76 + 14 = ____

1, 2 Verdoppeln mit der Strategie ‚Zehner, Einer extra' üben. 3 Strategien ‚in Schritten vorwärts' und/oder mit ‚Zehner, Einer extra' auswählen und anwenden, Nebenrechnungen notieren und ggf. am Rechenstrich darstellen.

→ Schulbuch, Seiten 44/45

# Schwierige Plusaufgaben

**1** Beginne immer mit einer leichten Aufgabe. Kreuze sie an.

| a) | b) | c) | d) |
|---|---|---|---|
| 32 + 19 = ___ | 27 + 34 = ___ | 34 + 38 = ___ | 47 + 16 = ___ |
| 32 + 20 = ___ | 27 + 33 = ___ | 32 + 40 = ___ | 47 + 6 = ___ |
| X 30 + 21 = 51 | 21 + 40 = ___ | 36 + 36 = ___ | 50 + 13 = ___ |
| 32 + 9 = ___ | 30 + 31 = ___ | 34 + 40 = ___ | 43 + 20 = ___ |
| 30 + 19 = ___ | 27 + 4 = ___ | 34 + 8 = ___ | 7 + 16 = ___ |

**2**

| a) | b) | c) | d) |
|---|---|---|---|
| 37 + 20 = ___ | 45 + 20 = ___ | 20 + 14 = ___ | 30 + 15 = ___ |
| 37 + 19 = ___ | 45 + 19 = ___ | 19 + 14 = ___ | 29 + 15 = ___ |
| 37 + 29 = ___ | 45 + 29 = ___ | 39 + 14 = ___ | 49 + 15 = ___ |
| 37 + 39 = ___ | 45 + 39 = ___ | 59 + 14 = ___ | 69 + 15 = ___ |

**3**

| a) | b) | c) | d) |
|---|---|---|---|
| 33 + 40 = ___ | 47 + 20 = ___ | 30 + 23 = ___ | 30 + 20 = ___ |
| 33 + 39 = ___ | 47 + 18 = ___ | 27 + 26 = ___ | 25 + 25 = ___ |
| 30 + 42 = ___ | 40 + 25 = ___ | 26 + 27 = ___ | 27 + 23 = ___ |

**4**

| a) | b) | c) | d) |
|---|---|---|---|
| 28 + 30 = ___ | 53 + 30 = ___ | 76 + 20 = ___ | 32 + 40 = ___ |
| 30 + 27 = ___ | 50 + 28 = ___ | 80 + 17 = ___ | 36 + 30 = ___ |
| 28 + 27 = ___ | 53 + 28 = ___ | 76 + 17 = ___ | 34 + 38 = ___ |

**5** Halbiere.

| | | | |
|---|---|---|---|
| 40 = 20 + 20 | 60 = ___ + ___ | 50 = ___ + ___ | 30 = ___ + ___ |
| 6 = 3 + 3 | 6 = ___ + ___ | 2 = ___ + ___ | 8 = ___ + ___ |
| 46 = ___ + ___ | 66 = ___ + ___ | 52 = ___ + ___ | 38 = ___ + ___ |

**6** a)

Eine Fahrt für Kinder kostet ___ €.

b)

| Preis | 22 € | 32 € | 28 € | 46 € | 50 € | 44 € | 18 € | 38 € |
|---|---|---|---|---|---|---|---|---|
| halber Preis | | | | | | | | |



**1–4** Das Ableiten als Vorbereitung zur Strategie ‚Hilfsaufgabe' üben. **5** Halbieren von Zahlen (erst Zehner, dann Einer).
**6** Sachaufgaben zum Halbieren lösen.

→ Schulbuch, Seiten 44/45

# Rechenwege bei Plusaufgaben

○ **1** Wie rechnest du? Zeichne am Rechenstrich.

a) 24 + 18 = ____ b) 27 + 19 = ____ c) 35 + 28 = ____

○ **2** Welche Plusaufgabe wurde gerechnet?

a)

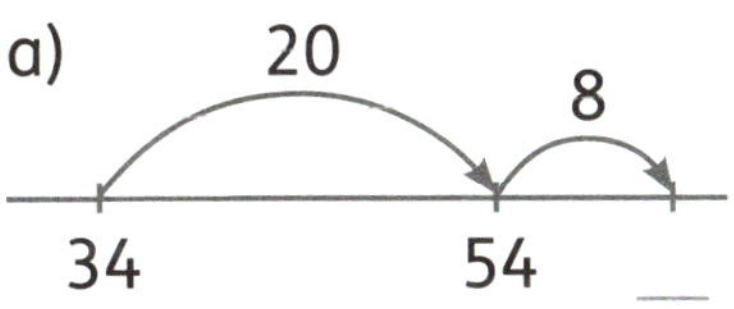


b)

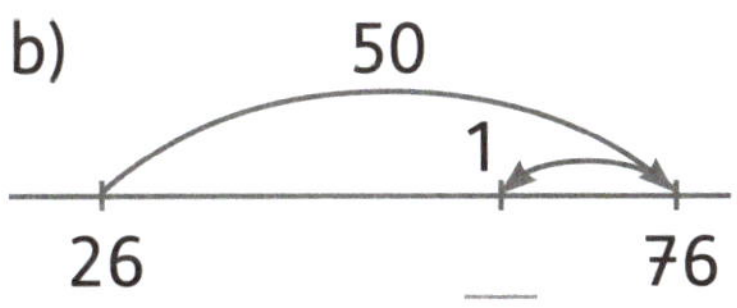


c)

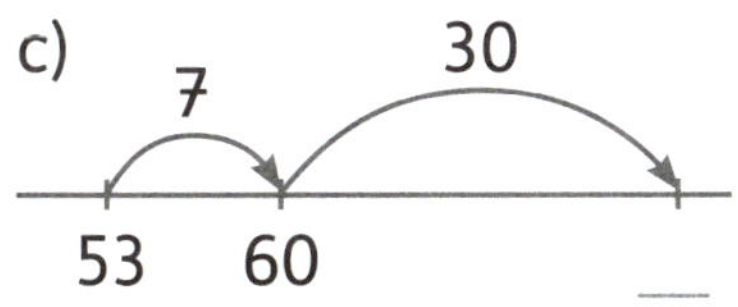


◒ **3** **Hilfsaufgabe.** Schreibe den Rechenweg oder zeichne den Rechenstrich.

17 + 49 =

17 + 50 = 67
67 − 1 = 66

17 + 49 =

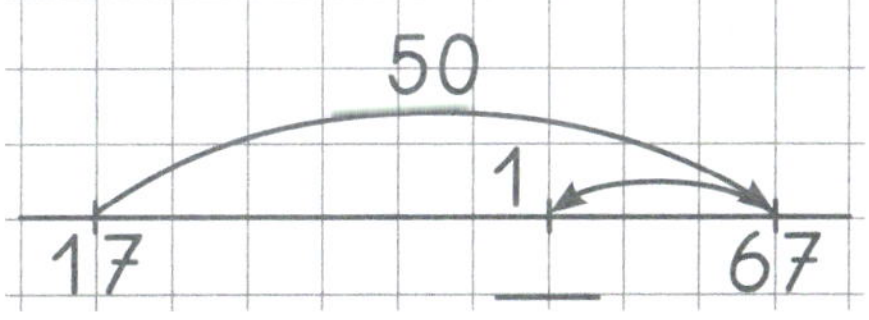

Ich verändere die Zahl, die nah an einer Zehnerzahl ist.

Murat

a) 17 + 49 =

b) 24 + 19 =

c) 36 + 29 =

d) 13 + 39 =

◒ **4** Schöne Päckchen. Rechne und setze fort. Was fällt dir auf? Markiere.

| a) | b) | c) | d) |
|---|---|---|---|
| 7 + 20 = ____ | 12 + 18 = ____ | 25 + 10 = ____ | 89 + 11 = ____ |
| 8 + 21 = ____ | 14 + 18 = ____ | 27 + 11 = ____ | 81 + 14 = ____ |
| 9 + 22 = ____ | 16 + 18 = ____ | 29 + 12 = ____ | 73 + 17 = ____ |
| __ + __ = ____ | __ + __ = ____ | __ + __ = ____ | __ + __ = ____ |

1 Aufgaben am Rechenstrich darstellen. 2 Aufgaben zu Darstellungen am Rechenstrich finden. 3 Strategie ‚Hilfsaufgabe' üben. 4 Beziehungen zwischen den Aufgaben zum Rechnen nutzen.

→ Schulbuch, Seiten 46/47

# Gemischte Übungen

**1** In **S**chritten vorwärts (**S**), **Z**ehner, **E**iner extra (**Z/E**) oder **H**ilfsaufgabe (**H**)?
Wie rechnest du? Kreuze an.
Schreibe deinen Rechenweg oder zeichne am Rechenstrich.

a) 73 + 25 = ☐ S ☐ Z/E ☐ H

b) 76 + 19 = ☐ S ☐ Z/E ☐ H

c) 26 + 55 = ☐ S ☐ Z/E ☐ H

d) 52 + 28 = ☐ S ☐ Z/E ☐ H

e) 48 + 47 = ☐ S ☐ Z/E ☐ H

f) 37 + 39 = ☐ S ☐ Z/E ☐ H

**2** a) Finde eine passende Plusaufgabe zu den Rechenstrichen.

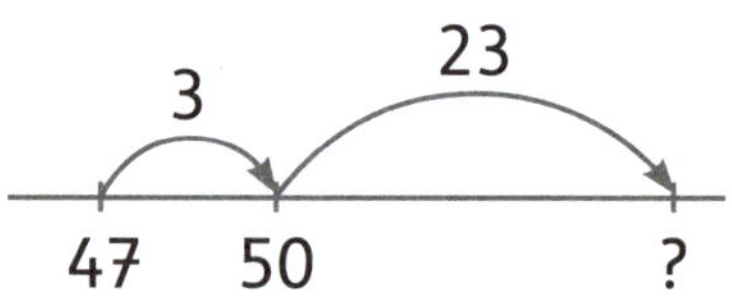


47 + 26 = ______

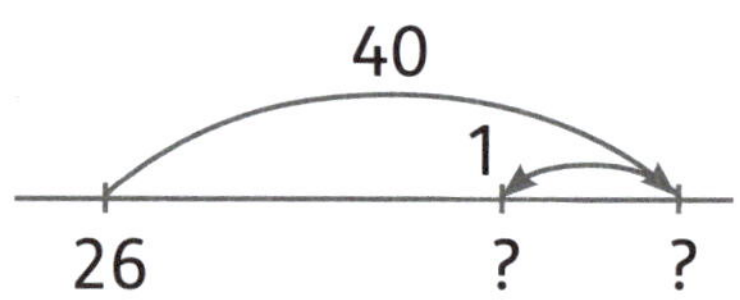


______

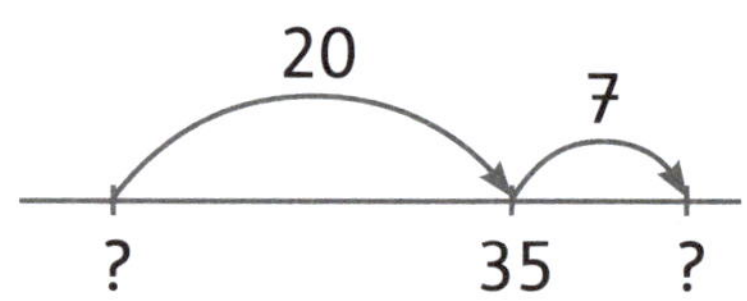


______

b) Finde mehrere passende Plusaufgaben zu den Rechenstrichen.

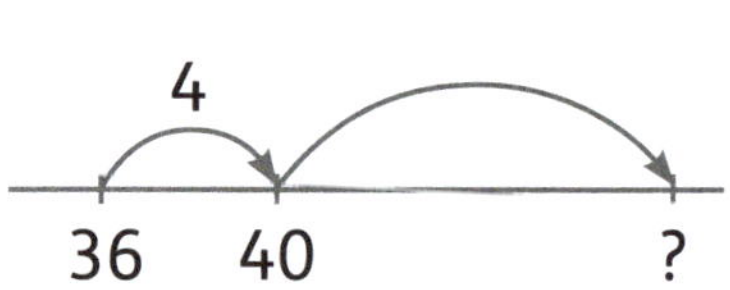


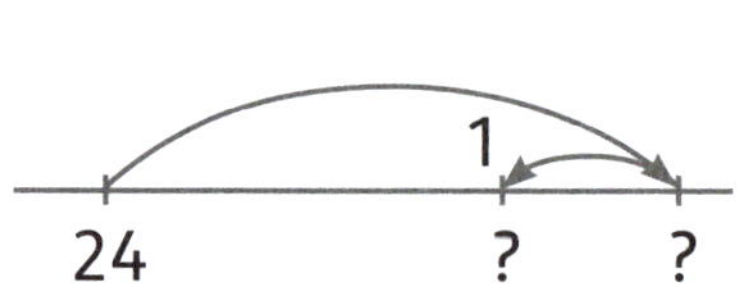


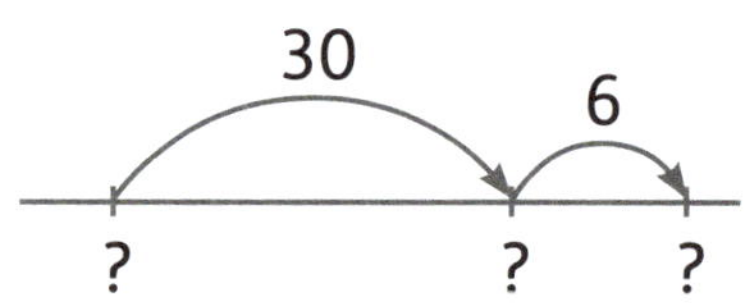




1 Additionsaufgaben auf eigenen Wegen lösen. 2 Aufgaben zu den Darstellungen finden.

→ Schulbuch, Seiten 48/49

**1** Vergleiche die Zahlenmauern. Setze fort. Was fällt dir auf? Markiere.

| 13 | 14 | 15 | | 14 | 15 | 16 | | 15 | 16 | 17 | | | | |
|---|---|---|---|---|---|---|---|---|---|---|---|---|---|---|
| 9 | 12 | 15 | | 10 | 12 | 14 | | 11 | 12 | 13 | | | | |
| 13 | 7 | 15 | | 14 | 6 | 16 | | 15 | 5 | 17 | | | | |
| 10 | 22 | 6 | | 12 | 25 | 8 | | 14 | 28 | 10 | | | | |

**2** Finde Zahlenmauern mit den 5 Zahlen. Welche Zahl fehlt?

a) | 10 | 21 | 11 |
|---|---|---|
| 23 | 12 | ? |

b) | 13 | 15 | 27 |
|---|---|---|
| 29 | 14 | ? |

c) | 13 | 63 | 33 |
|---|---|---|
| 17 | 16 | ? |

d) | 41 | 39 | 21 |
|---|---|---|
| 80 | 20 | ? |

| 10 | 11 | |
|---|---|---|

**3** Metin hat eine Plusaufgabe gerechnet und verändert diese.
Was passiert mit der Summe?

a) Welche Aufgabe könnte es sein? ____ + ____ = 77

b) Er vertauscht die beiden Zahlen. Die neue Aufgabe lautet ______________.

c) Er erhöht die erste Zahl um 2 und die zweite Zahl um 1.
Die neue Aufgabe lautet ______________.

d) Er erhöht die erste Zahl um 3 und verringert die zweite Zahl um 4.
Die neue Aufgabe lautet ______________.

**1, 2** Strukturen zwischen Grundsteinen und Decksteinen der Zahlenmauern wiederholen und vertiefen. **3** Strukturen in Rätselform erkennen und nutzen.

→ Schulbuch, Seiten 48/49

# Einfache Minusaufgaben

**1**

a) 53 – 10 = ___
54 – 10 = ___
55 – 10 = ___
56 – 10 = ___

b) 31 – 20 = ___
42 – 20 = ___
53 – 20 = ___
64 – 20 = ___

c) 43 – 10 = ___
45 – 20 = ___
47 – 30 = ___
49 – 40 = ___

d) 62 – 10 = ___
73 – 20 = ___
84 – 30 = ___
95 – 40 = ___

**2**

a) 16 – 3 = ___
36 – 3 = ___
56 – 3 = ___
76 – 3 = ___

b) 15 – 3 = ___
25 – 3 = ___
35 – 3 = ___
45 – 3 = ___

c) 45 – 4 = ___
56 – 4 = ___
67 – 4 = ___
78 – 4 = ___

d) 39 – 6 = ___
48 – 5 = ___
57 – 4 = ___
66 – 3 = ___

**3** Zeichne und rechne.

a)

38 – 5 = ___

35 – 8 = ___

b)

56 – 5 = ___

55 – 6 = ___

c)

43 – 2 = ___

42 – 3 = ___

d)

28 – 6 = ___

26 – 8 = ___

e)

65 – 3 = ___

63 – 5 = ___

f)

87 – 3 = ___

83 – 7 = ___

**4**

a) 16 – 3 = ___
16 – 5 = ___
16 – 7 = ___
16 – 9 = ___

b) 35 – 2 = ___
35 – 4 = ___
35 – 6 = ___
35 – 8 = ___

c) 47 – 5 = ___
47 – 7 = ___
47 – 9 = ___
47 – 11 = ___

d) 64 – 1 = ___
64 – 3 = ___
64 – 5 = ___
64 – 7 = ___

**5**

a) 17 – 8 = ___
37 – 8 = ___
57 – 8 = ___
77 – 8 = ___

b) 33 – 5 = ___
43 – 5 = ___
53 – 5 = ___
63 – 5 = ___

c) 46 – 9 = ___
56 – 9 = ___
66 – 9 = ___
76 – 9 = ___

d) 33 – 8 = ___
53 – 8 = ___
73 – 8 = ___
93 – 8 = ___



**1–5** Einfache Minusaufgaben rechnen, Zusammenhänge erkennen und nutzen, ggf. mit Forschermitteln darstellen.
**3** Darstellung der Subtraktion üben.

→ Schulbuch, Seiten 50/51

# Schwierige Minusaufgaben

**1** Rechne **in Schritten zurück** oder mit **Zehnern und Einern extra**.

a) 48 – 17 =

b) 99 – 62 =

c) 64 – 42 =

d) 57 – 35 =

e) 37 – 16 =

f) 78 – 24 =

**2** Wie rechnest du? Achte auf die Einer.

a) 43 – 14 =

b) 65 – 26 =

c) 72 – 34 =

d) 93 – 65 =

**3**

a) 80 – 8 = ____
80 – 18 = ____

b) 37 – 5 = ____
37 – 15 = ____

c) 28 – 7 = ____
24 – 7 = ____

d) 39 – 6 = ____
54 – 6 = ____

e) 82 – 21 = ____
82 – 41 = ____

f) 56 – 14 = ____
56 – 18 = ____

g) 73 – 36 = ____
79 – 36 = ____

h) 61 – 25 = ____
81 – 25 = ____

**1** Strategie ‚Zehner, Einer extra' und ‚in Schritten rückwärts' erkunden an Aufgaben ohne Übertrag, Nebenrechnung notieren oder am Rechenstrich darstellen. **2** Strategien bei Aufgaben mit Übertrag anwenden. **3** Aufgaben mit und ohne Übertrag vertiefend üben.

→ Schulbuch, Seiten 52/53

# Rechenwege bei Minusaufgaben

○ **1** **In Schritten zurück.** Rechne und zeichne am Rechenstrich.

a) 63 – 25 = ____

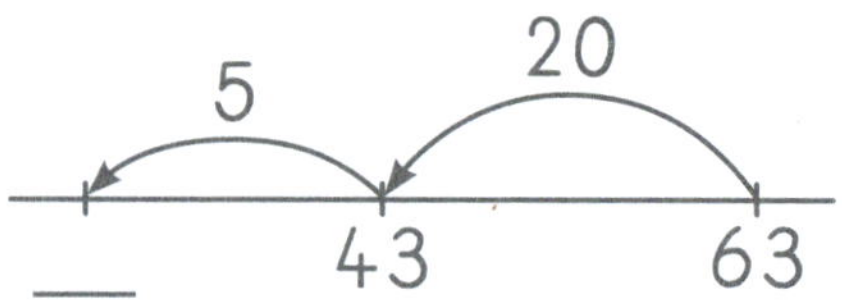

Ich zerlege die 2. Zahl und gehe in Schritten zurück.

b) 71 – 43 = ____   c) 29 – 17 = ____   d) 65 – 36 = ____

e) 89 – 23 = ____   f) 75 – 36 = ____   g) 91 – 54 = ____

◒ **2** **Ergänzen.** Schreibe deinen Rechenweg oder zeichne am Rechenstrich.

a) 56 + ____ = 70
70 – 56 = ____

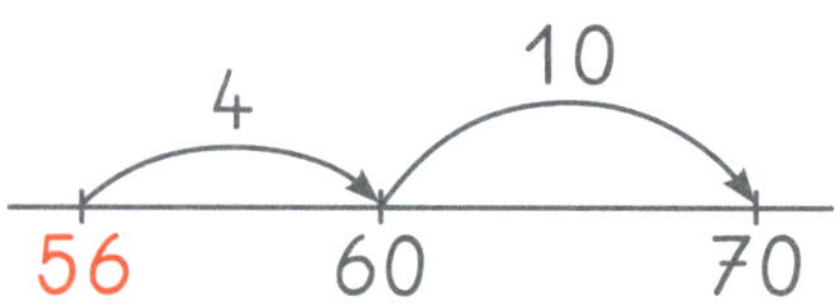

Ich ergänze zum nächsten Zehner.

b) 72 + ____ = 90
90 – 72 = ____

72   90

c) 48 + ____ = 60
60 – 48 = ____

48   60

d) 64 + ____ = 80
80 – 64 = ____

64

◒ **3**

a) 79 + ____ = 88
88 – 79 = ____

b) 44 + ____ = 53
53 – 44 = ____

c) 79 + ____ = 81
81 – 79 = ____

d) 88 + ____ = 94
94 – 88 = ____

◒ **4**

| a) | b) | c) | d) |
|---|---|---|---|
| 70 – 20 = ____ | 18 – 13 = ____ | 54 + ____ = 68 | 44 + ____ = 56 |
| 72 – 22 = ____ | 38 – 13 = ____ | 43 + ____ = 58 | 44 + ____ = 67 |
| 82 – 32 = ____ | 58 – 13 = ____ | 32 + ____ = 48 | 44 + ____ = 78 |
| 84 – 34 = ____ | 78 – 13 = ____ | 21 + ____ = 38 | 44 + ____ = 89 |

◒ **5** Ein Skateboard kostet 82 €. Peter hat 69 € gespart. [?]



**1** Strategie ‚in Schritten rückwärts' am Rechenstrich darstellen. **2–4** Ergänzen (am Rechenstrich), Minus- und Plusaufgabe erkennen und nutzen. **5** Das Ergänzen in Sachverhalten wieder erkennen und zum Rechnen nutzen.

→ Schulbuch, Seiten 54/55

# Rechenwege bei Minusaufgaben

**1 Hilfsaufgabe.** Schreibe den Rechenweg oder zeichne den Rechenstrich.

83 – 19 =

83 – 20 = 63
63 + 1 = 64

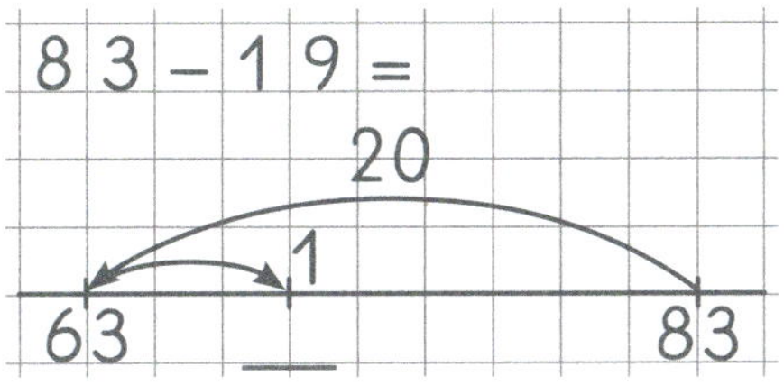

a) 83 – 19 =

b) 74 – 19 =

c) 45 – 18 =

d) 36 – 28 =

e) 63 – 29 =

f) 42 – 19 =

**2** Beginne immer bei der einfachen Aufgabe.

| a) | b) | c) | d) |
|---|---|---|---|
| 88 – 19 = ___ | 92 – 34 = ___ | 53 – 18 = ___ | 66 – 15 = ___ |
| 88 – 9 = ___ | 92 – 30 = ___ | 53 – 20 = ___ | 66 – 5 = ___ |
| 88 – 20 = ___ | 92 – 4 = ___ | 53 – 8 = ___ | 66 – 10 = ___ |
| 88 – 18 = ___ | 88 – 30 = ___ | 50 – 15 = ___ | 71 – 20 = ___ |

**3** Schöne Päckchen. Rechne und setze fort.

| a) | b) | c) | d) |
|---|---|---|---|
| 50 – 10 = ___ | 54 – 9 = ___ | 67 – 48 = ___ | 49 – 14 = ___ |
| 50 – 12 = ___ | 48 – 9 = ___ | 68 – 49 = ___ | 51 – 16 = ___ |
| 50 – 14 = ___ | 42 – 9 = ___ | 69 – 50 = ___ | 53 – 18 = ___ |
| 50 – 16 = ___ | 36 – 9 = ___ | 70 – 51 = ___ | 55 – 20 = ___ |
| ___ – ___ = ___ | ___ – ___ = ___ | ___ – ___ = ___ | ___ – ___ = ___ |

1 Strategie ‚Hilfsaufgabe' erkunden und bewusst anwenden, dabei mit Nebenrechnungen notieren oder am Rechenstrich darstellen. 2 Einfache Aufgabe wählen und mit Bezug zur einfachen Aufgabe die anderen Aufgaben berechnen. 3 Beziehungen zwischen den Aufgaben zum Rechnen nutzen, ggf. Forschermittel einsetzen. Weitere Aufgaben zum Päckchen finden.

→ Schulbuch, Seiten 54/55

# Gemischte Übungen

## 1 Wie rechnest du?

a) 64 – 28 =

b) 92 – 27 =

c) 73 – 19 =

d) 54 – 26 =

e) 82 – 38 =

f) 51 – 9 =

## 2 Welche Minusaufgabe wurde gerechnet?

a)
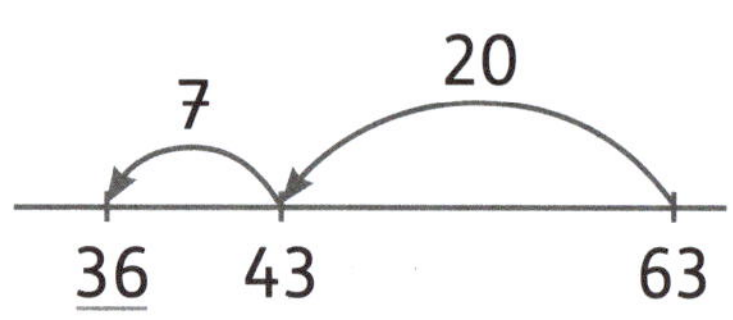


b)
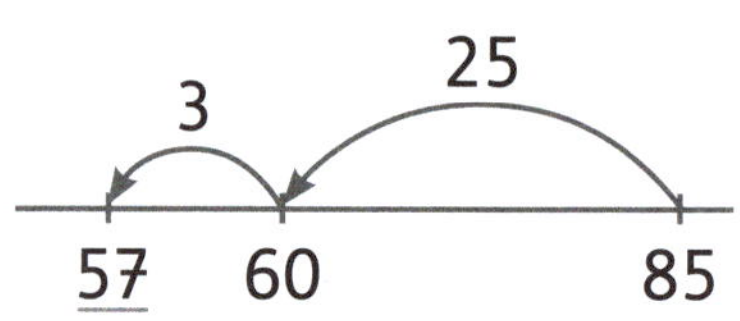


c)
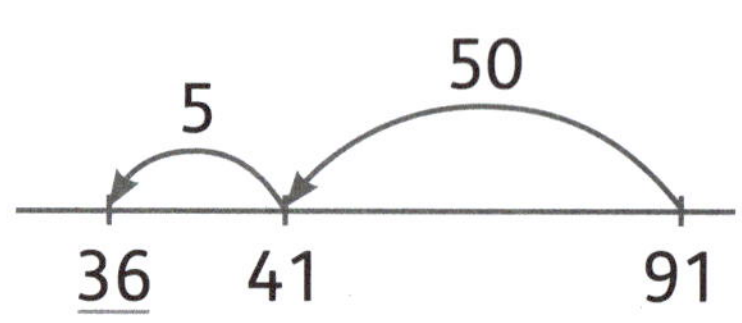


d)
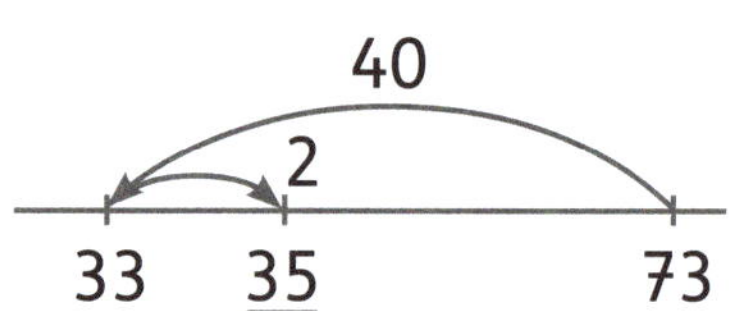


e)
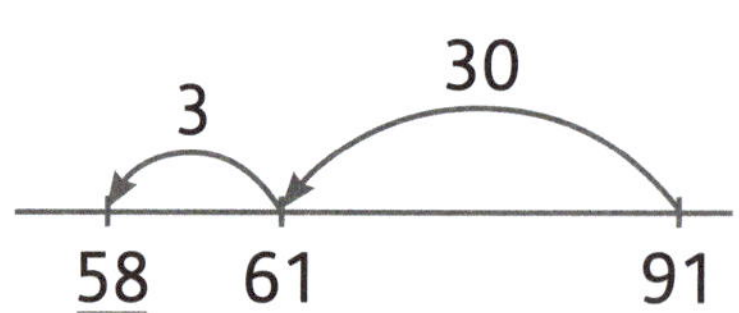


f)
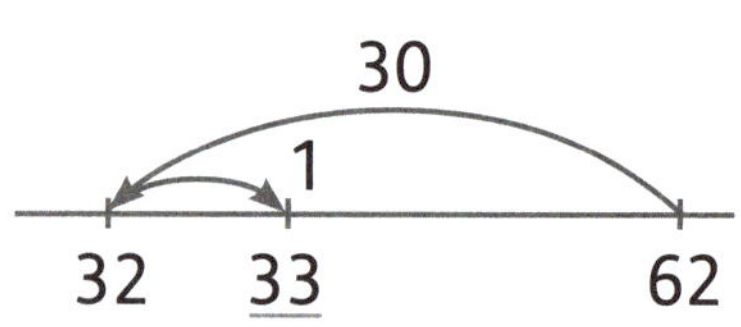


## 3 Finde passende Minusaufgaben zu den Rechenstrichen.

a)
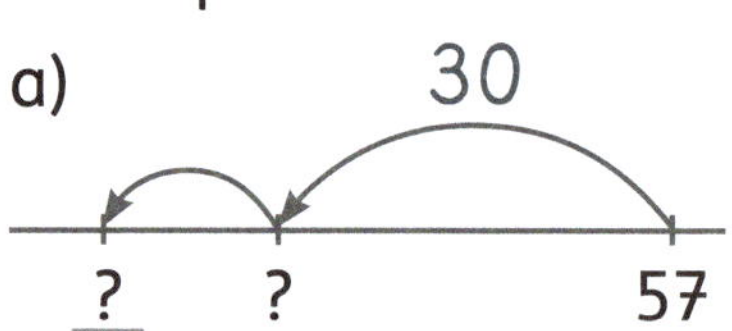


57 – 35 = 22

b)
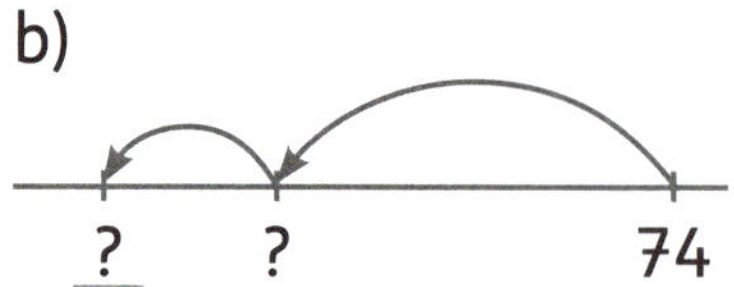


c)
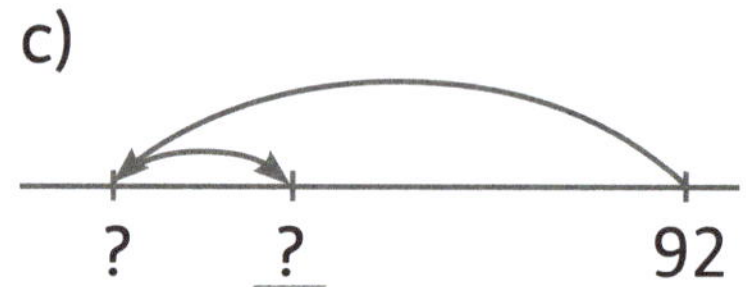




1 Rechenwege in Bezug zu den Zahlen bewusst auswählen und anwenden. 2, 3 Aufgaben zu Darstellungen am Rechenstrich finden.

→ Schulbuch, Seite 56

# Forschen und Finden: Schöne Päckchen

**1** Schöne Päckchen mit Plusaufgaben. Setze fort. Was fällt dir auf? Markiere.

| | | | |
|---|---|---|---|
| 17 + 13 = ___ | 9 + 8 = ___ | 13 + 12 = ___ | 21 + 8 = ___ |
| 18 + 14 = ___ | 10 + 10 = ___ | 14 + 11 = ___ | 20 + 7 = ___ |
| 19 + 15 = ___ | 11 + 12 = ___ | 15 + 10 = ___ | 19 + 6 = ___ |
| ___ | ___ | ___ | ___ |
| ___ | ___ | ___ | ___ |

**2** Finde selbst schöne Päckchen mit Plusaufgaben. Das Ergebnis ...

| a) ... wird immer um 1 größer. | b) ... wird immer um 2 größer. | c) ... bleibt immer gleich. | d) ... wird immer um 1 kleiner. |
|---|---|---|---|
| + = | + = | + = | + = |
| + = | + = | + = | + = |
| + = | + = | + = | + = |
| + = | + = | + = | + = |

**3** Schöne Päckchen mit Minusaufgaben. Setze fort. Was fällt dir auf? Markiere.

| | | | |
|---|---|---|---|
| 25 − 3 = ___ | 32 − 4 = ___ | 28 − 10 = ___ | 15 − 5 = ___ |
| 26 − 3 = ___ | 32 − 6 = ___ | 27 − 11 = ___ | 16 − 7 = ___ |
| 27 − 3 = ___ | 32 − 8 = ___ | 26 − 12 = ___ | 17 − 9 = ___ |
| ___ | ___ | ___ | ___ |
| ___ | ___ | ___ | ___ |

**4** Finde selbst schöne Päckchen mit Minusaufgaben. Das Ergebnis ...

| a) ... wird immer um 1 größer. | b) ... wird immer um 2 größer. | c) ... bleibt immer gleich. | d) ... wird immer um 1 kleiner. |
|---|---|---|---|
| − = | − = | − = | − = |
| − = | − = | − = | − = |
| − = | − = | − = | − = |
| − = | − = | − = | − = |

**1, 3** Muster in den schönen Päckchen erkennen und fortsetzen. **2, 4** Schöne Päckchen zu den Anforderungen selbst finden.

→ Schulbuch, Seite 57

# Rückblick

○ **1** Einfache Plusaufgaben.

a) 13 + 10 = ____  
42 + 10 = ____

b) 46 + 20 = ____  
46 + 30 = ____

c) 36 + 4 = ____  
66 + 4 = ____

○ **2** Wie rechnest du?

a) 35 + 29 =

b) 24 + 57 =

○ **3** Welche Plusaufgabe passt?

a)

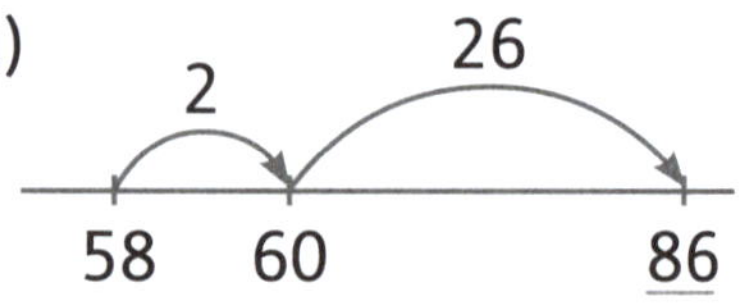


____ + ____ = ____

b)

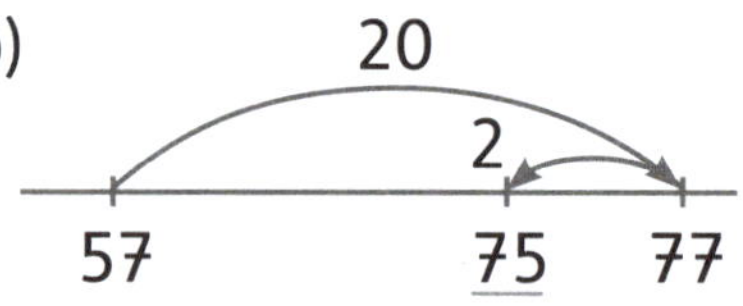


____ + ____ = ____

○ **4** Einfache Minusaufgaben.

a) 86 − 30 = ____  
86 − 60 = ____

b) 94 − 50 = ____  
94 − 40 = ____

c) 87 − 6 = ____  
87 − 7 = ____

○ **5** Wie rechnest du?

a) 54 − 16 =

b) 75 − 39 =

○ **6** Zeichne Strecken.

a) 1 cm

b) 3 cm



Wesentliche Inhalte des Kapitels noch einmal reflektieren, die eigenen Kompetenzen einschätzen.

→ Schulbuch, Seiten 58/59

# Geldwerte

**1** Wie viel Geld ist es?

| | | | |
|---|---|---|---|
|  | ___ € |  | ___ € ___ ct |
|  | ___ € |  | ___ € ___ ct |
|  | ___ ct |  | ___ € ___ ct |
|  | ___ ct |  | ___ € ___ ct |
|  | ___ ct |  | ___ € ___ ct |

**2** Lege und zeichne mit möglichst wenigen Scheinen und Münzen.

| | | | |
|---|---|---|---|
| 23 Euro | [20] (2) (1) | 31 Cent | (20) (10) (1) |
| 45 Euro | | 13 Cent | |
| 54 Euro | | 25 Cent | |
| 91 Euro | | 55 Cent | |

**3** Immer 60 Euro.

| | Scheine |
|---|---|
| [50] [5] [5] | 3 |
| | |
| | |
| | |
| | |

**4** Lege 60 Euro mit möglichst vielen Scheinen. Es sind ___ Scheine.

**1–4** Aufgaben evtl. mit Rechengeld lösen. **1, 2** Geldbeträge bestimmen. **3, 4** Mögliche Zerlegungen aufzeichnen.

→ Schulbuch, Seiten 60/61

# Einkaufen und Bezahlen

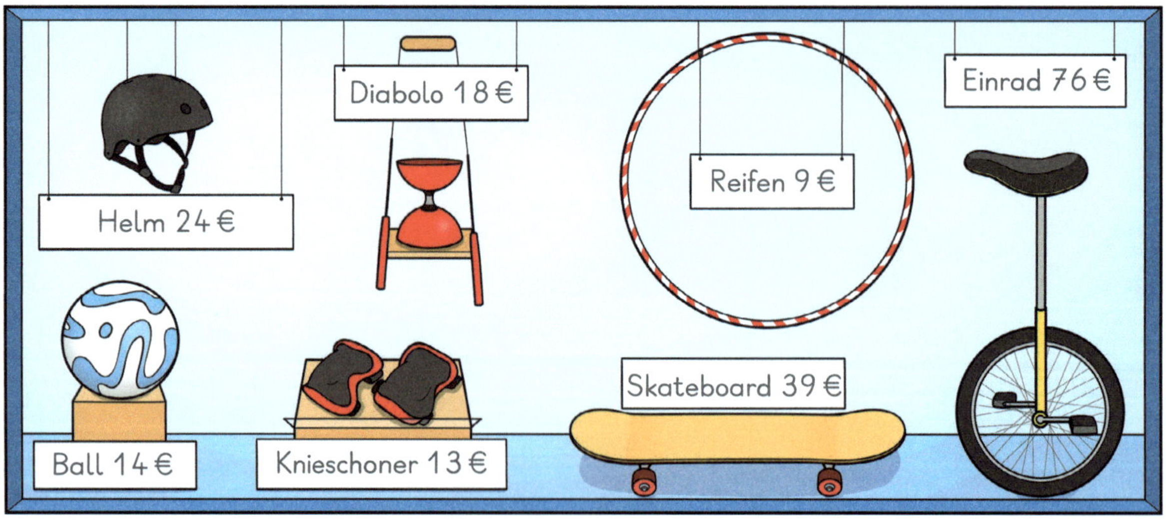


**1** Bezahle passend.

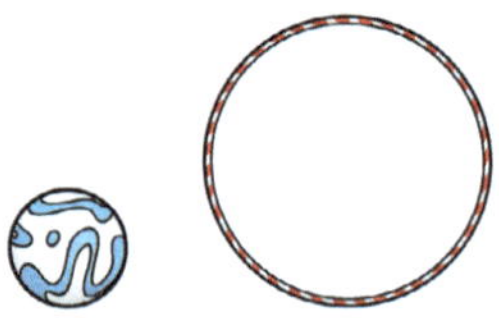

| 20 | | |
|---|---|---|

**2** Berechne das Rückgeld.

a) Sophie kauft: | Sie gibt: | Sie bekommt zurück:

b) Anton kauft: | Er gibt: | Er bekommt zurück:

c) Till kauft: | Er gibt: | Er bekommt zurück:

d) Paula kauft: | Sie gibt: | Sie bekommt zurück:

**3** Frau Schäfer bezahlt mit einem 100-Euro-Schein. Sie bekommt 24 € zurück.
Was kann sie gekauft haben? ______________________________

1 Preise berechnen, mit Rechengeld legen und aufzeichnen. 2 Rückgeld berechnen. 3 Sachaufgabe lösen.

→ Schulbuch, Seiten 62/63

# Mit Geld rechnen

1 Schreibe die Rechnungen.

2 € 50 ct + ______

______

______

2 Mia bestellt für 9 €:

______ = 9 €

Ich bestelle:

______

3 Ole bezahlt in der Eisdiele 7 € 50 ct. Welche Eisbecher hat er bestellt?

______

4 Sophie bezahlt mit einem 10-Euro-Schein. 5 € 50 ct bekommt sie zurück.
Welchen Eisbecher hat sie bestellt?

______

5 Zwei Nussbecher kosten zusammen 13 €. Wie viel Euro kostet ein Nussbecher?

______

**1–5** Sachaufgaben evtl. mit Rechengeld legen und lösen.

→ Schulbuch, Seiten 64/65

# Malaufgaben in der Umwelt

○ **1** Schreibe immer eine Plusaufgabe und eine Malaufgabe.

a)

5 + 5 + 5 =

3 · 5 =

b)

c)

d)

e)

f)

g)

h)

i)

j)

k)

l)

**1** Passende Plus- und Malaufgaben suchen und notieren.

→ Schulbuch, Seiten 66/67

# Malaufgaben in der Umwelt

○ **1** Schreibe immer eine Plusaufgabe und eine Malaufgabe.

a) 

5 + 5 + 5 = ______

3 · 5 = ______

b) 

______

______

c) 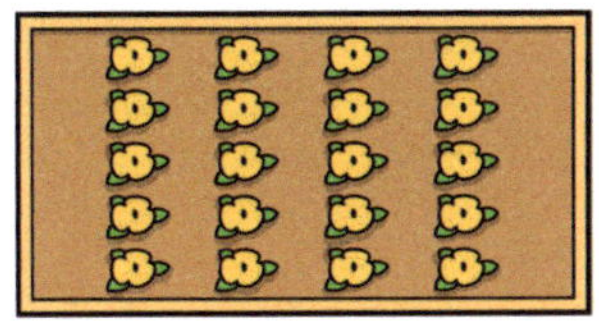

______

______

d) 

______

______

e) 

______

______

f) 

______

______

g) 

______

______

h) 

______

______

i) 

______

______

○ **2**

3 · 4 = ____

2 · 5 = ____

✿ **3** Die Aufgaben kann ich schon:

◒ **4** a) 3 Kinder würfeln. Jedes Kind hat 5 Würfel. Wie viele Würfel sind es?

______

______

b) Paul liest jeden Abend 3 Seiten. Wie viele Seiten liest er in 7 Tagen?

______

______

**1** Plus- und Malaufgabe zu den Bildern finden lassen bzw. Bilder zu Malaufgaben entwerfen. **2** Passende Plus- und Malaufgaben suchen und notieren. **3** Kinder notieren alle Malaufgaben, die sie bereits kennen (diagnostische Hinweise zu den Vorkenntnissen). **4** Rechengeschichten lösen.

→ Schulbuch, Seiten 66/67

# Malaufgaben in der Umwelt

**1**

1 Brötchen
2 Hälften

a) 

2 Brötchen
____ Hälften

b) 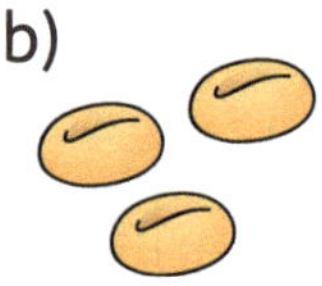

3 Brötchen
____ Hälften

c) 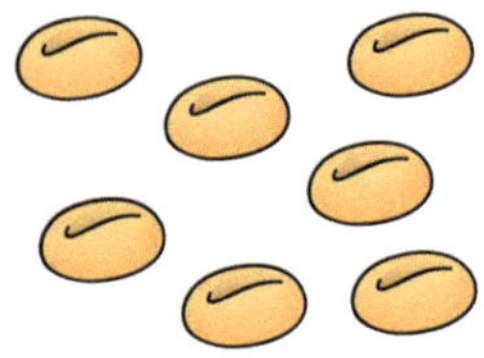

7 Brötchen
____ Hälften

**2**

1 Flasche
5 Gläser

a) 

2 Flaschen
____ Gläser

b) 

5 Flaschen
____ Gläser

c) 

7 Flaschen
____ Gläser

**3**

1 Tüte
9 Weingummis

a) 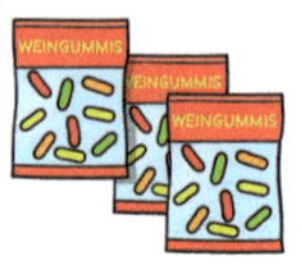

3 Tüten
____ Weingummis

b) 

5 Tüten
____ Weingummis

c) 

7 Tüten
____ Weingummis

**4**

1 Apfel
8 Stücke

a) 

2 Äpfel
____ Stücke

b) 

3 Äpfel
____ Stücke

c) 

5 Äpfel
____ Stücke

**5**

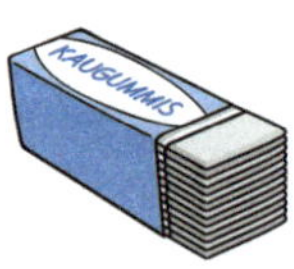


1 Päckchen Kaugummi
12 Streifen

a) 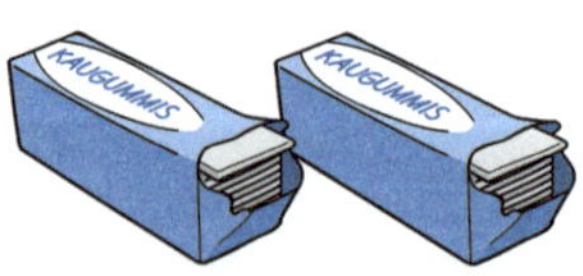

2 Päckchen Kaugummi
____ Streifen

b) 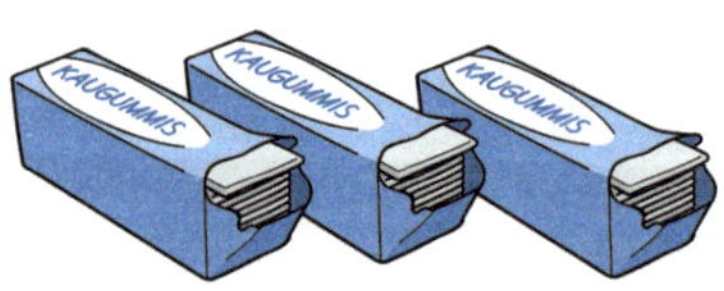

3 Päckchen Kaugummi
____ Streifen



**1–5** Situationen beschreiben. Malaufgaben lösen.

→ Schulbuch, Seiten 66/67

# Malaufgaben am Punktefeld

○ **1** Malaufgaben mit dem Malwinkel. Zeigt und schreibt.

a)

1 Vierer

1 · 4 = 4

___ Vierer

___ Vierer

___ Vierer

b)

___ Fünfer

___ Fünfer

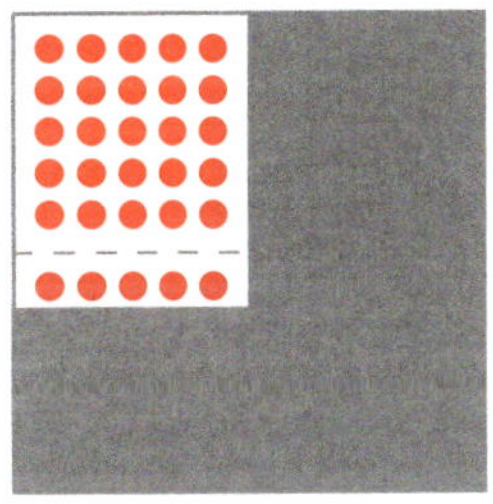

___ Fünfer

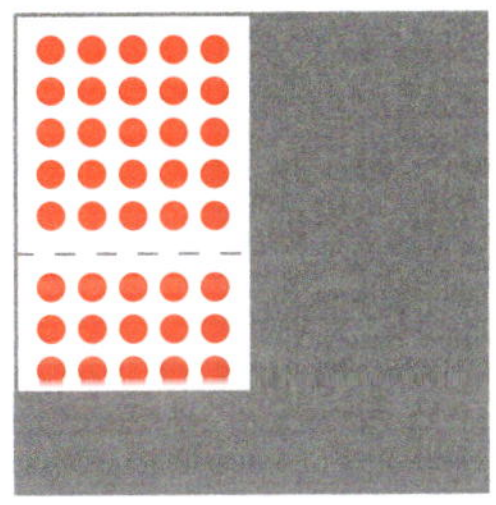

___ Fünfer

○ **2** Zeige und zeichne mit dem Malwinkel.

a) Immer Dreier.

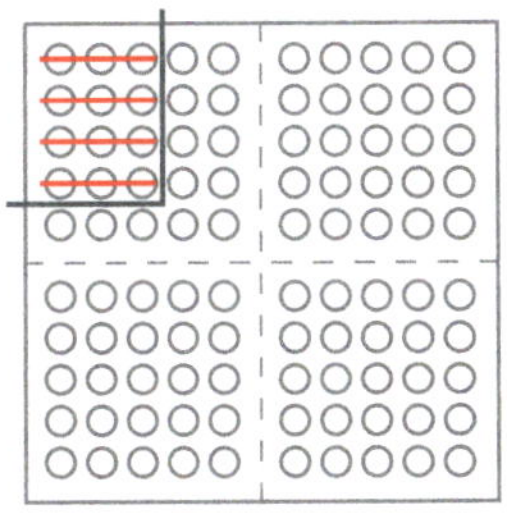

4 · 3 = ___

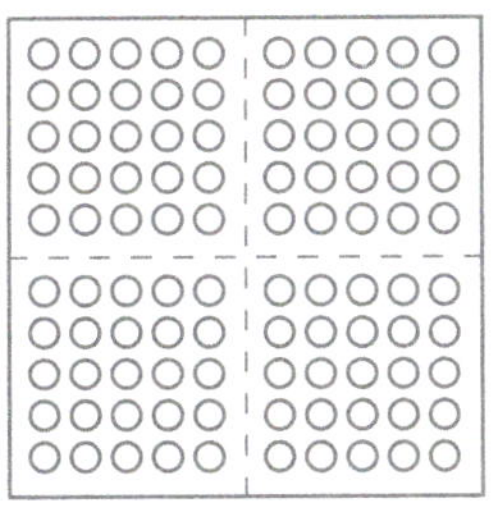

5 · 3 = ___

b) Immer Zweier.

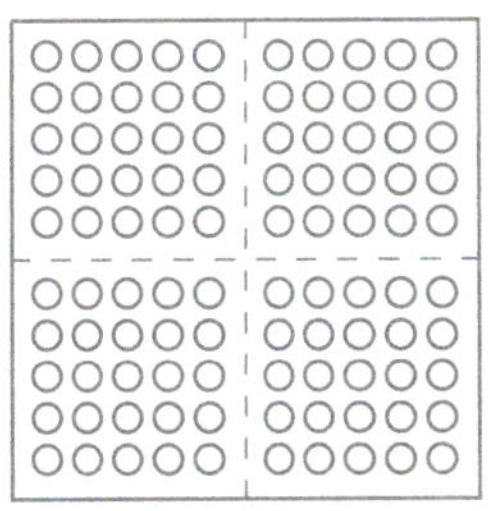

6 · 2 = ___

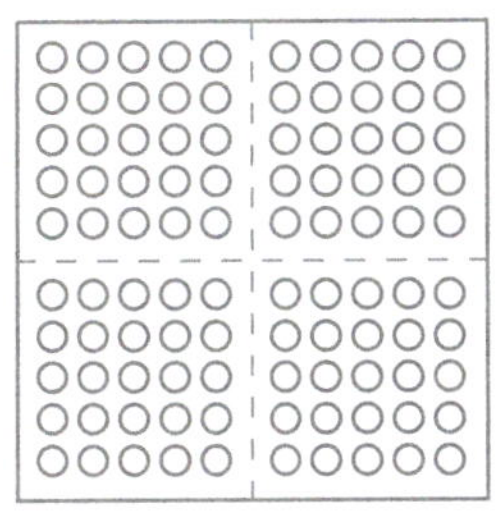

8 · 2 = ___

c) Immer Sechser.

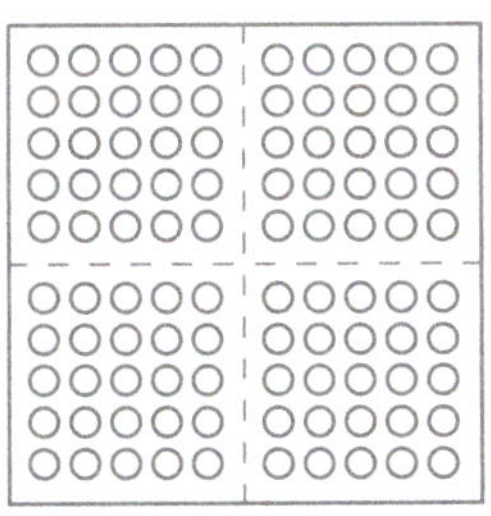

4 · 6 = ___

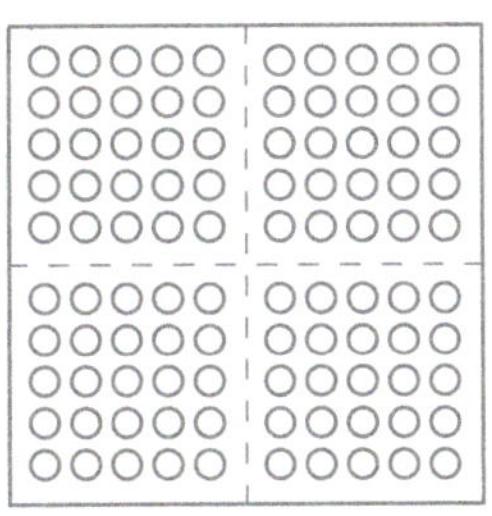

5 · 6 = ___

d) Immer Siebener.

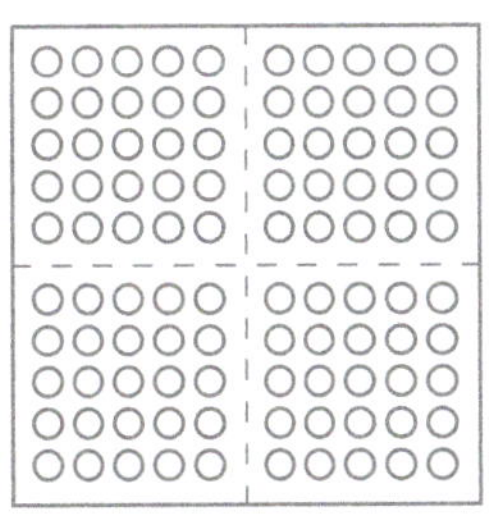

2 · 7 = ___

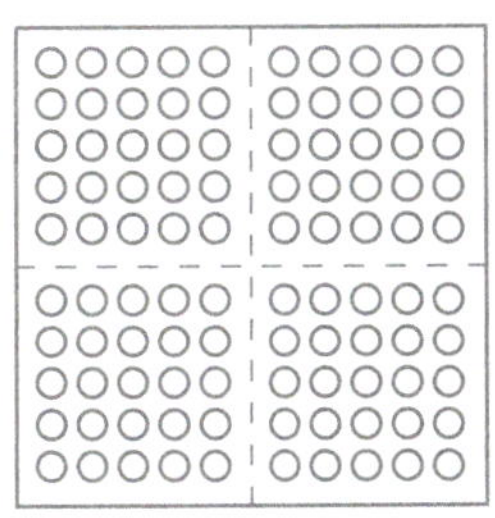

3 · 7 = ___

**1, 2** Malaufgaben mithilfe des Malwinkels am Hunderterfeld legen und systematisch in eine Richtung verschieben, Veränderungen beschreiben und mit Blick auf die Malaufgabe deuten, Dokumentation der Malaufgabe am Hunderterpunktefeld mithilfe des Malwinkels.

→ Schulbuch, Seiten 68/69

# Tauschaufgaben und Quadrataufgaben

○ **1** Rechne die Malaufgabe und Tauschaufgabe.

a)

3 · 7 = ____

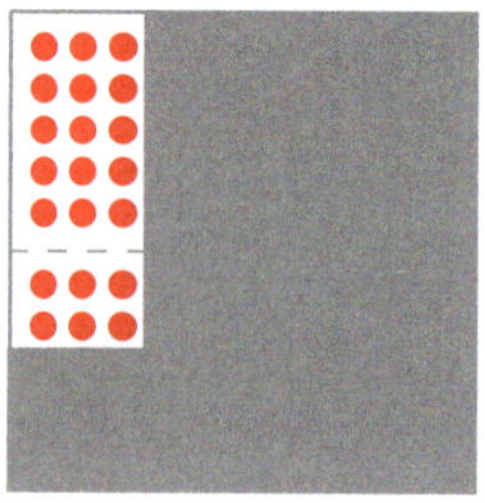

7 · 3 = ____

b)

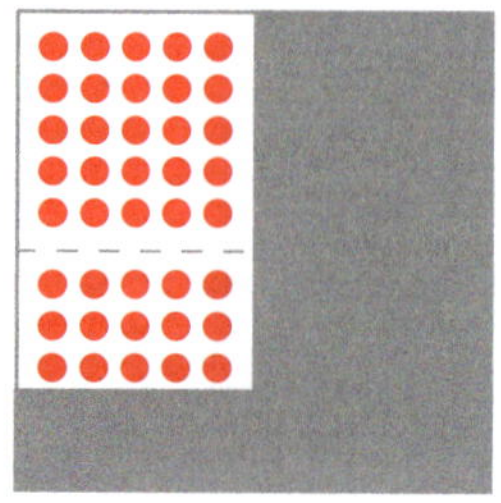

____

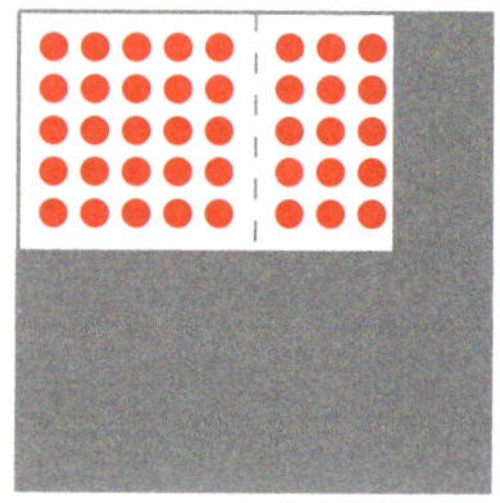

____

○ **2** Zeichne mit dem Malwinkel Malaufgabe und Tauschaufgabe. Rechne.

a)

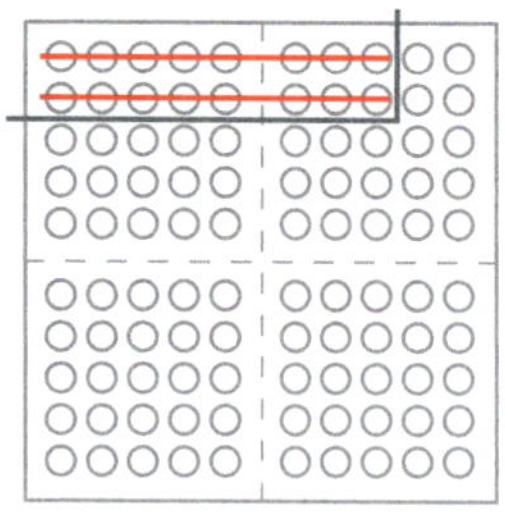

2 · 8 = ____

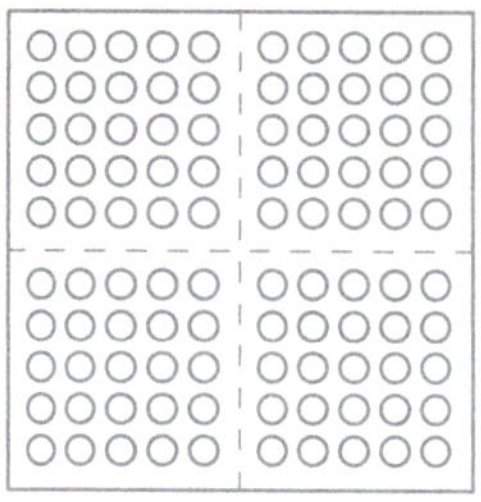

8 · 2 = ____

b)

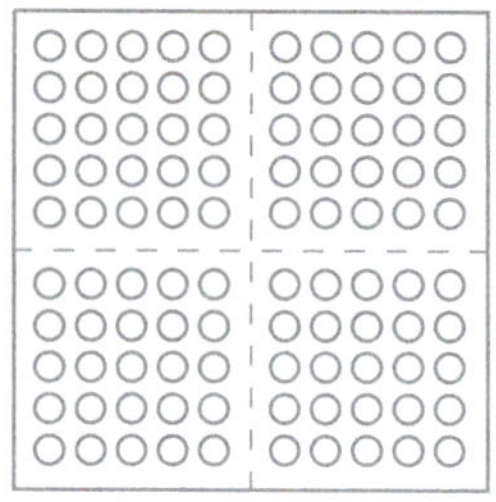

4 · 5 = ____

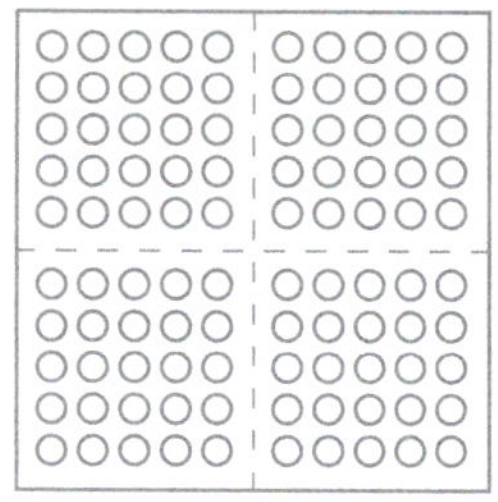

5 · 4 = ____

○ **3** Aufgabe und Tauschaufgabe.

a) 2 · 9 = ____
9 · 2 = ____

b) 6 · 2 = ____
2 · 6 = ____

c) 2 · 5 = ____
__ · __ = ____

d) 2 · 3 = ____
__ · __ = ____

e) 10 · 2 = ____
__ · __ = ____

f) 5 · 4 = ____
__ · __ = ____

g) 10 · 7 = ____
__ · __ = ____

h) 5 · 10 = ____
__ · __ = ____

○ **4** Quadrataufgaben Quadrat. Rechne.

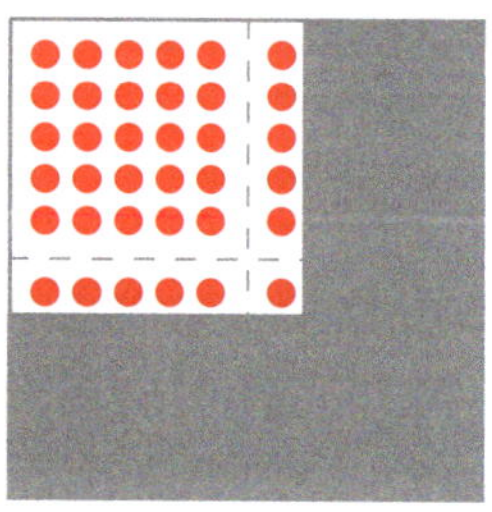

6 · 6 = ____

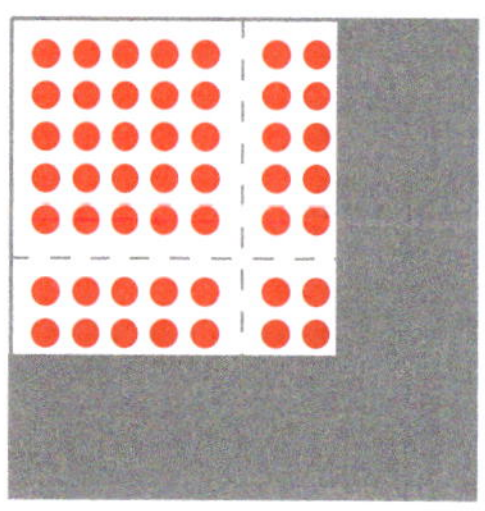

____

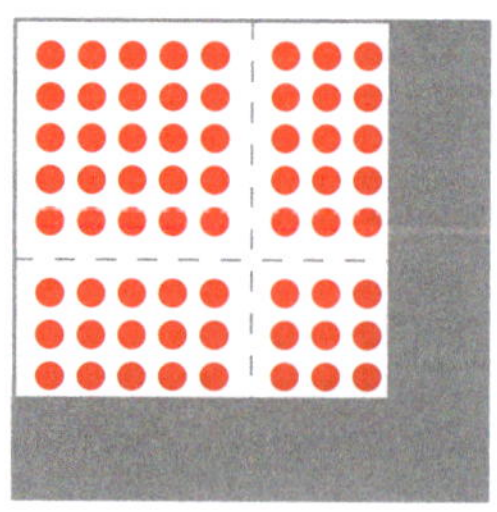

____

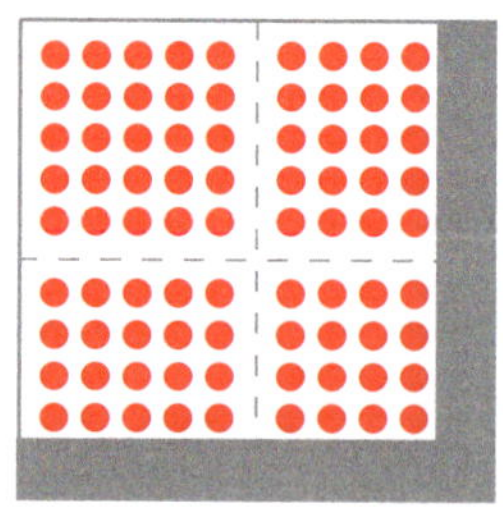

____

○ **5** a) 2 · 2 = ____ b) 5 · 5 = ____ c) 3 · 3 = ____ d) 4 · 4 = ____ e) 10 · 10 = ____



**1, 2** Aufgaben und Tauschaufgaben zu den Punktebildern am Hunderterfeld finden bzw. mithilfe des Malwinkels einzeichnen. **3** Aufgaben x · 2 aus den Verdopplungsaufgaben 2 · x erschließen. **4, 5** Quadrataufgaben im Punktefeld erkennen und geschickt lösen, ggf. Teilmengen einkreisen.

→ Schulbuch, Seiten 70/71

# Einfache Malaufgaben

○ **1** Aufgaben mit 2. Schreibe und rechne.

a) 

2 · 3 = ____

b) 

____

c) 

____

d) 

____

○ **2** Immer das Doppelte mit 2.

a) 1 · 3 = ____ 
2 · 3 = ____

b) 1 · 6 = ____ 
2 · 6 = ____

c) 1 · 8 = ____ 
2 · 8 = ____

d) 1 · 9 = ____ 
2 · 9 = ____

e) 1 · 5 = ____ 
2 · 5 = ____

○ **3** Einfache Aufgaben mit 2.

a) 1 · 2 = ____ 
2 · 2 = ____

b) 5 · 2 = ____ 
6 · 2 = ____

c) 7 · 2 = ____ 
8 · 2 = ____

d) 9 · 2 = ____ 
10 · 2 = ____

e) 3 · 2 = ____ 
4 · 2 = ____

○ **4** Einfache Aufgaben mit 10.

a) 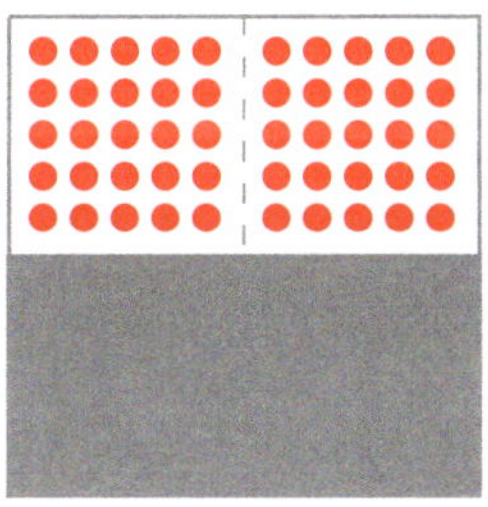

____

b) 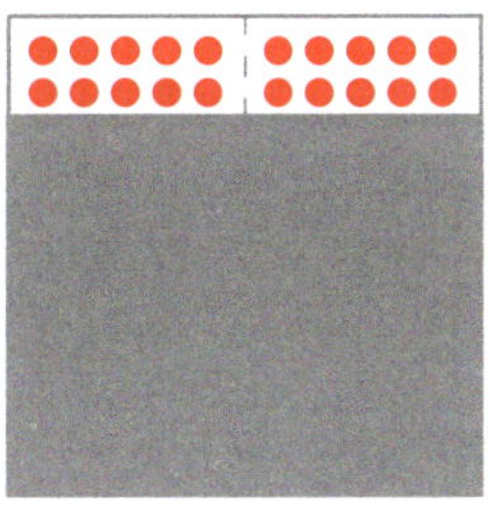

____

c) 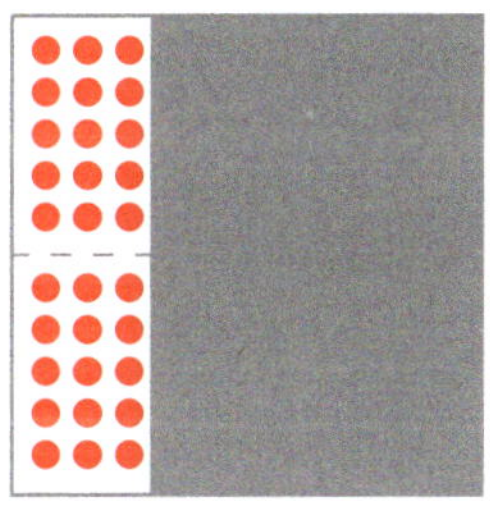

____

d) 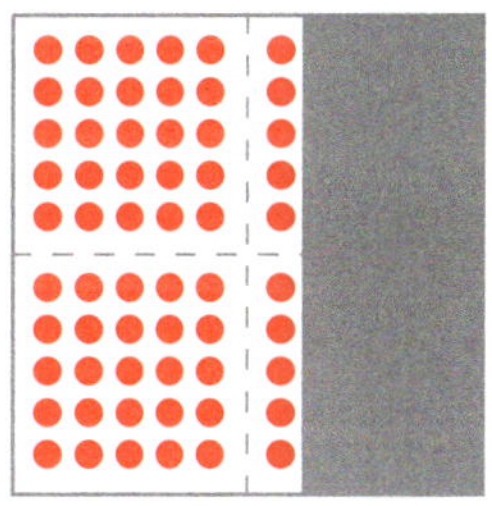

____

○ **5** Vergleiche mit 1 mit 10.

a) 1 · 4 = ____ 
10 · 4 = ____

b) 1 · 5 = ____ 
10 · 5 = ____

c) 1 · 7 = ____ 
10 · 7 = ____

d) 1 · 2 = ____ 
10 · 2 = ____

e) 1 · 10 = ____ 
10 · 10 = ____

○ **6** Einfache Aufgaben.

a) 3 · 1 = ____ 
3 · 10 = ____

b) 8 · 1 = ____ 
8 · 10 = ____

c) 6 · 1 = ____ 
6 · 10 = ____

d) 9 · 1 = ____ 
9 · 10 = ____

e) 4 · 1 = ____ 
4 · 10 = ____

**1** Aufgaben ‚mit 2' in den Darstellungen erkennen. **2, 3** Aufgaben ‚mit 2' rechnen. Mal 2 als Verdoppeln erkennen. **4** Malaufgaben ‚mit 10' in den Darstellungen erkennen. **5, 6** Einfache Malaufgaben ‚mit 10' rechnen. Mal 10 ist verzehnfachen.

→ Schulbuch, Seiten 72/73

# Kernaufgaben und Nachbaraufgaben

**1** Aufgaben mit 5. Schreibe und rechne.

a)  b)  c) 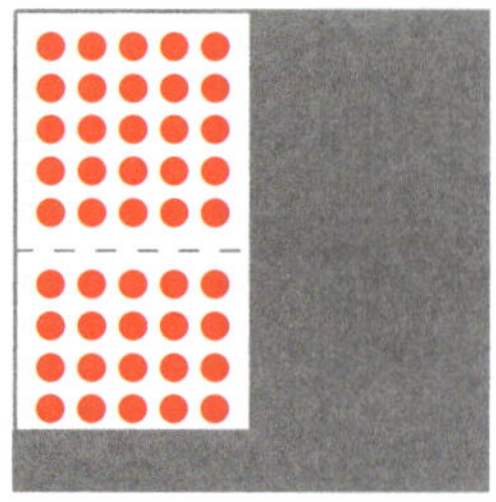 d) 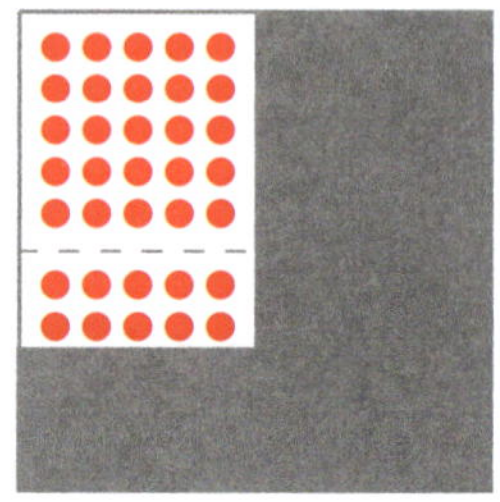

**2** Einfache Aufgaben mit 5.

a) 4 · 5 = ___ b) 3 · 5 = ___ c) 7 · 5 = ___ d) 8 · 5 = ___ e) 1 · 5 = ___
5 · 5 = ___ 2 · 5 = ___ 6 · 5 = ___ 9 · 5 = ___ 0 · 5 = ___

**3** Immer die Hälfte von 10 mal mit 5.

a) 10 · 2 = ___ b) 10 · 4 = ___ c) 10 · 8 = ___ d) 10 · 7 = ___
5 · 2 = ___ 5 · 4 = ___ 5 · 8 = ___ 5 · 7 = ___

e) 10 · 3 = ___ f) 10 · 6 = ___ g) 10 · 9 = ___ h) 10 · 5 = ___
5 · 3 = ___ 5 · 6 = ___ 5 · 9 = ___ 5 · 5 = ___

**4** Rechne alle Kernaufgaben.

a) 1 · 2 = ___ b) 1 · 3 = ___ c) 1 · 4 = ___ d) 1 · 5 = ___ e) 1 · 6 = ___
2 · 2 = ___ 2 · 3 = ___ 2 · 4 = ___ 2 · 5 = ___ 2 · 6 = ___
5 · 2 = ___ 5 · 3 = ___ 5 · 4 = ___ 5 · 5 = ___ 5 · 6 = ___
10 · 2 = ___ 10 · 3 = ___ 10 · 4 = ___ 10 · 5 = ___ 10 · 6 = ___

f) 1 · 7 = ___ g) 1 · 8 = ___ h) 1 · 9 = ___ i) 1 · 10 = ___
2 · 7 = ___ 2 · 8 = ___ 2 · 9 = ___ 2 · 10 = ___
5 · 7 = ___ 5 · 8 = ___ 5 · 9 = ___ 5 · 10 = ___
10 · 7 = ___ 10 · 8 = ___ 10 · 9 = ___ 10 · 10 = ___

**5** Rechne.

a) 1 · 1 = ___ b) 3 · 3 = ___ c) 5 · 5 = ___ d) 7 · 7 = ___ e) 9 · 9 = ___
2 · 2 = ___ 4 · 4 = ___ 6 · 6 = ___ 8 · 8 = ___ 10 · 10 = ___



1 Malaufgaben ‚mit 5' in den Darstellungen erkennen. 2, 3 Malaufgaben ‚mit 5' rechnen. Mal 5 als Halbierung von mal 10 erkennen. Tauschaufgaben ‚mit 5' erkennen. 4 Kernaufgaben rechnen und zunehmend sichern. 5 Quadrataufgaben rechnen und zunehmend sichern, ggf. am Hunderterpunktefeld legen und Produkt geschickt bestimmen.

→ Schulbuch, Seiten 74/75

**1** Nachbaraufgaben mit 10.

a)
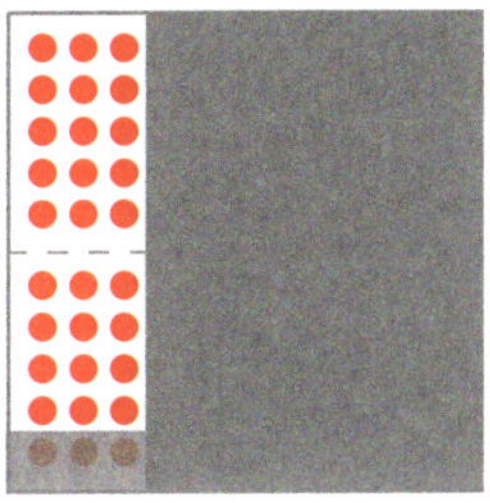

10 · 3 = ____
9 · 3 = ____

b)
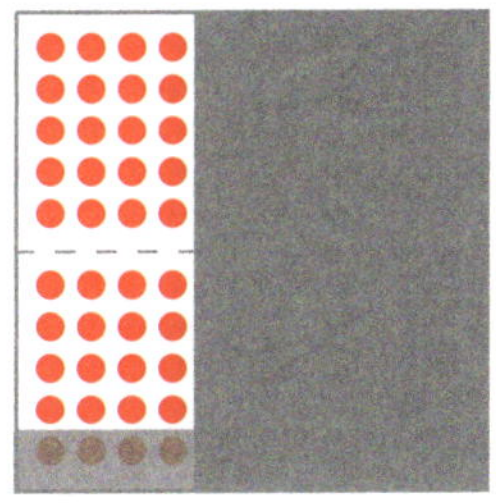

10 · 4 = ____
9 · 4 = ____

c)
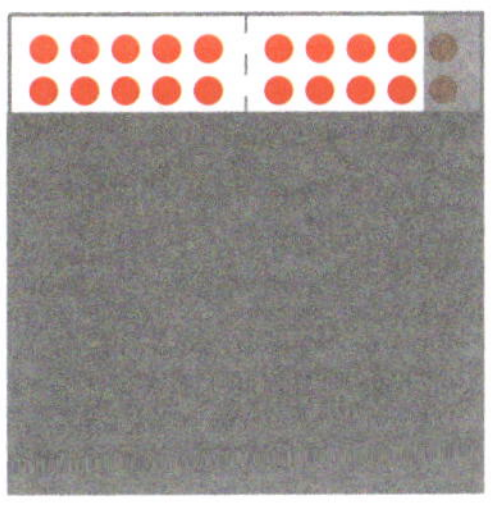

2 · 10 = ____
2 · 9 = ____

d)
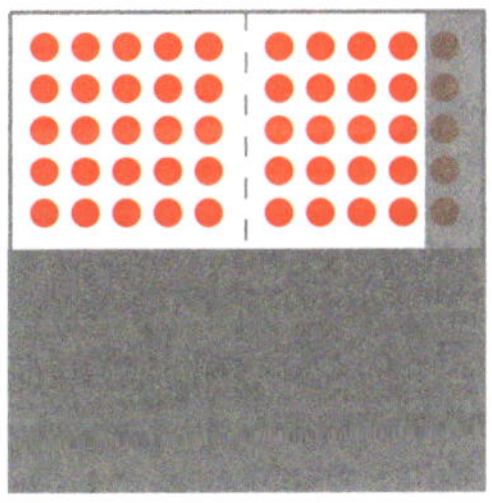

5 · 10 = ____
5 · 9 = ____

e)
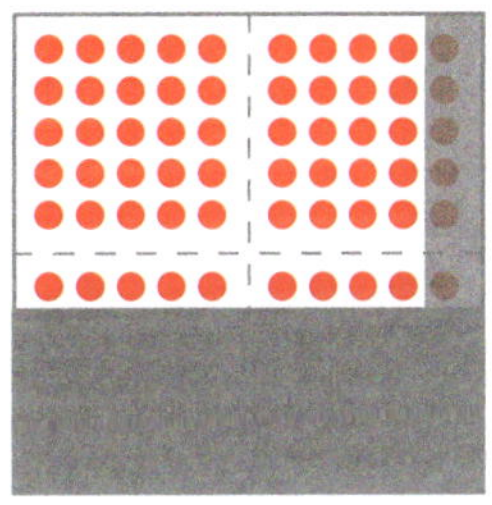

6 · 10 = ____
6 · 9 = ____

f)
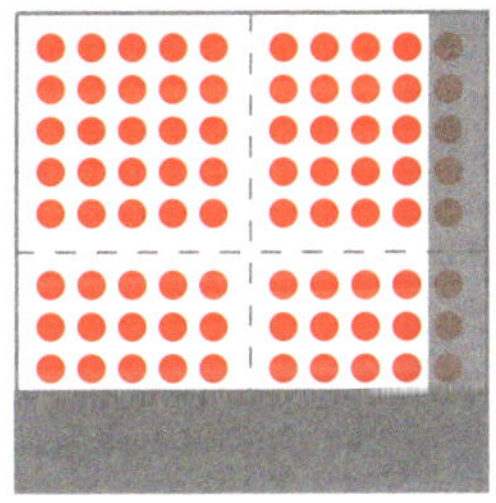

8 · 10 = ____
8 · 9 = ____

**2** Rechne mit Kernaufgaben mit 10.

| a) | b) | c) | d) |
|---|---|---|---|
| 10 · 2 = ____ | 10 · 3 = ____ | 10 · 4 = ____ | 10 · 5 = ____ |
| 9 · 2 = ____ | 9 · 3 = ____ | 9 · 4 = ____ | 9 · 5 = ____ |
| 8 · 2 = ____ | 8 · 3 = ____ | 8 · 4 = ____ | 8 · 5 = ____ |

| e) | f) | g) | h) |
|---|---|---|---|
| 10 · 6 = ____ | 10 · 7 = ____ | 10 · 8 = ____ | 10 · 9 = ____ |
| 9 · 6 = ____ | 9 · 7 = ____ | 9 · 8 = ____ | 9 · 9 = ____ |
| 8 · 6 = ____ | 8 · 7 = ____ | 8 · 8 = ____ | 8 · 9 = ____ |

**3** Rechne mit Kernaufgaben mit 2.

| a) | b) | c) | d) |
|---|---|---|---|
| 1 · 2 = ____ | 1 · 3 = ____ | 1 · 4 = ____ | 1 · 5 = ____ |
| 2 · 2 = ____ | 2 · 3 = ____ | 2 · 4 = ____ | 2 · 5 = ____ |
| 4 · 2 = ____ | 4 · 3 = ____ | 4 · 4 = ____ | 4 · 5 = ____ |

| e) | f) | g) | h) |
|---|---|---|---|
| 1 · 6 = ____ | 1 · 7 = ____ | 1 · 8 = ____ | 1 · 9 = ____ |
| 2 · 6 = ____ | 2 · 7 = ____ | 2 · 8 = ____ | 2 · 9 = ____ |
| 4 · 6 = ____ | 4 · 7 = ____ | 4 · 8 = ____ | 4 · 9 = ____ |

**1–3** Die einfachen Aufgaben ‚mit 10' und ‚mit 2' zum Lösen der Nachbaraufgaben nutzen.

→ Schulbuch, Seiten 74/75

# Kernaufgaben und Nachbaraufgaben

**1** Nachbaraufgaben mit 5.

a)

$5 \cdot 3 =$ ___

$4 \cdot 3 =$ ___

Aus 5 mal 3 mache ich 4 mal 3. Einfach 1 Dreier weniger.

Mila

b)

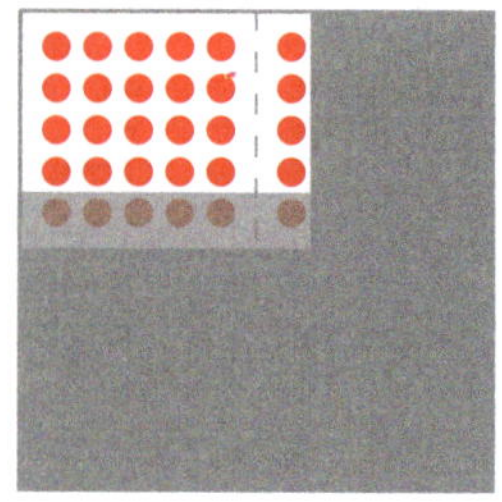

$5 \cdot 6 =$ ___

$4 \cdot 6 =$ ___

c)

$2 \cdot 5 =$ ___

$2 \cdot 4 =$ ___

d)

$4 \cdot 5 =$ ___

$4 \cdot 4 =$ ___

e)

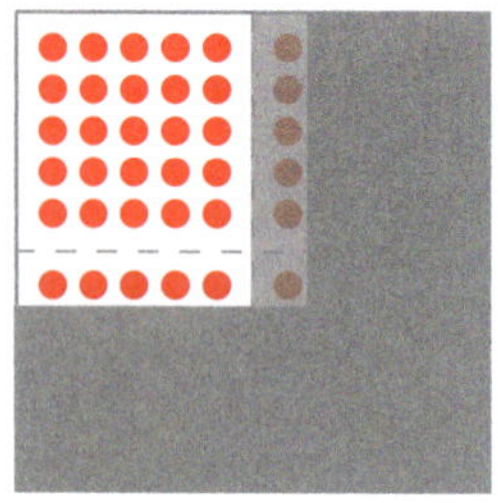

$6 \cdot 5 =$ ___

$6 \cdot 6 =$ ___

f)

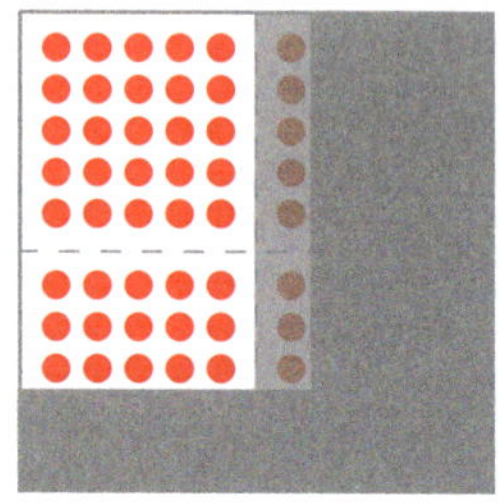

$8 \cdot 5 =$ ___

$8 \cdot 6 =$ ___

**2** Rechne mit Kernaufgaben mit 10 mit 5.

| a) | b) | c) | d) |
|---|---|---|---|
| $10 \cdot 2 =$ ___ | $10 \cdot 3 =$ ___ | $10 \cdot 4 =$ ___ | $10 \cdot 5 =$ ___ |
| $5 \cdot 2 =$ ___ | $5 \cdot 3 =$ ___ | $5 \cdot 4 =$ ___ | $5 \cdot 5 =$ ___ |
| $4 \cdot 2 =$ ___ | $4 \cdot 3 =$ ___ | $4 \cdot 4 =$ ___ | $4 \cdot 5 =$ ___ |

| e) | f) | g) | h) |
|---|---|---|---|
| $10 \cdot 6 =$ ___ | $10 \cdot 7 =$ ___ | $10 \cdot 8 =$ ___ | $10 \cdot 9 =$ ___ |
| $5 \cdot 6 =$ ___ | $5 \cdot 7 =$ ___ | $5 \cdot 8 =$ ___ | $5 \cdot 9 =$ ___ |
| $4 \cdot 6 =$ ___ | $4 \cdot 7 =$ ___ | $4 \cdot 8 =$ ___ | $4 \cdot 9 =$ ___ |

**3** Rechne mit Kernaufgaben mit 5.

| a) | b) | c) | d) |
|---|---|---|---|
| $5 \cdot 2 =$ ___ | $5 \cdot 3 =$ ___ | $5 \cdot 4 =$ ___ | $5 \cdot 5 =$ ___ |
| $6 \cdot 2 =$ ___ | $6 \cdot 3 =$ ___ | $6 \cdot 4 =$ ___ | $6 \cdot 5 =$ ___ |
| $7 \cdot 2 =$ ___ | $7 \cdot 3 =$ ___ | $7 \cdot 4 =$ ___ | $7 \cdot 5 =$ ___ |

| e) | f) | g) | h) |
|---|---|---|---|
| $5 \cdot 6 =$ ___ | $5 \cdot 7 =$ ___ | $5 \cdot 8 =$ ___ | $5 \cdot 9 =$ ___ |
| $6 \cdot 6 =$ ___ | $6 \cdot 7 =$ ___ | $6 \cdot 8 =$ ___ | $6 \cdot 9 =$ ___ |
| $7 \cdot 6 =$ ___ | $7 \cdot 7 =$ ___ | $7 \cdot 8 =$ ___ | $7 \cdot 9 =$ ___ |



1–3 Einfache Malaufgaben ‚mit 5' zum Lösen der Nachbaraufgabe nutzen. Operative Beziehungen erkunden und nutzen.

→ Schulbuch, Seiten 74/75

# Schwierige Malaufgaben

**1** Nachbaraufgaben Quadrat.

a)

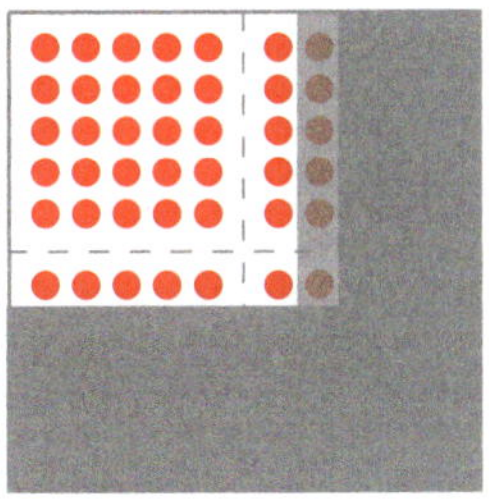

6 · 6 = ____

7 · 6 = ____

b)

5 · 5 = ____

6 · 5 = ____

c)

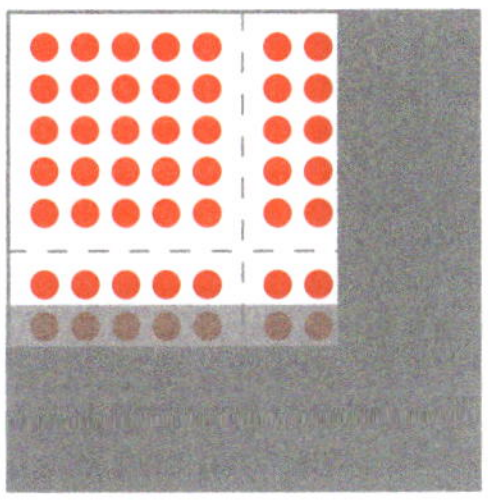

7 · 7 = ____

6 · 7 = ____

d)

4 · 4 = ____

3 · 4 = ____

e)

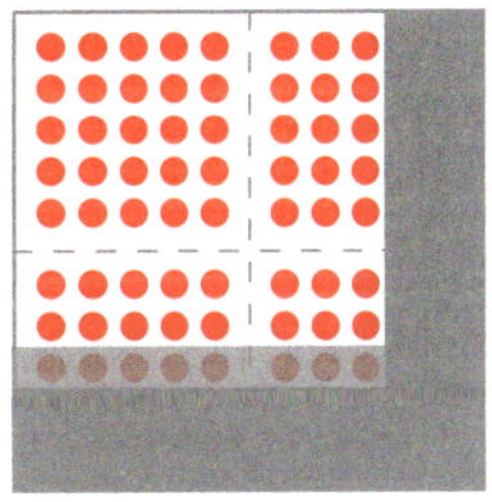

8 · 8 = ____

7 · 8 = ____

f)

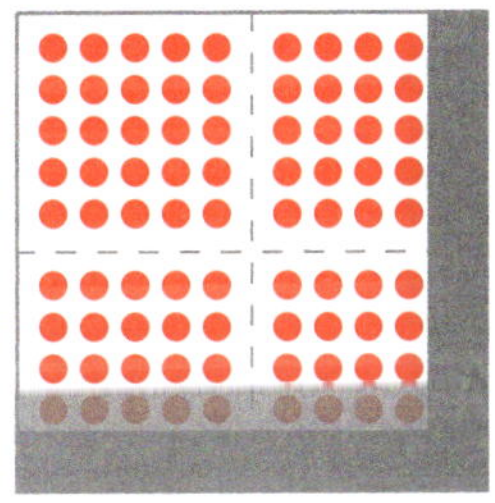

9 · 9 = ____

8 · 9 = ____

**2** Beginne mit einer Kernaufgabe. Kreuze an.

| a) | b) | c) | d) |
|---|---|---|---|
| 2 · 8 = ____ | 3 · 6 = ____ | 10 · 4 = ____ | 7 · 3 = ____ |
| 3 · 8 = ____ | 4 · 6 = ____ | 9 · 4 = ____ | 7 · 4 = ____ |
| 4 · 8 = ____ | 5 · 6 = ____ | 8 · 4 = ____ | 7 · 5 = ____ |

**3** Rechne geschickt. Achte auf mit 2, mit 5, mit 10, Quadrat.

| ~~3 · 7~~ | 6 · 7 | 6 · 8 | 9 · 4 | 4 · 3 | 8 · 4 | 7 · 3 | 6 · 9 | 7 · 8 |
|---|---|---|---|---|---|---|---|---|

3 · 7 =

2 · 7 = 14

Schwierige Aufgaben von Kernaufgaben mit 2, mit 5, mit 10 oder Quadrat ableiten. **1** Quadrataufgaben und Nachbaraufgaben vertiefen. **2, 3** Kernaufgaben zum Ableiten nutzen, um schwierige Aufgaben zu lösen.

→ Schulbuch, Seiten 76/77

# Die Einmaleins-Tafel

**1** Rechne und vergleiche.

a)

8 · 1 = ___ 9 · 2 = ___

7 · 2 = ___ 8 · 3 = ___

6 · 3 = ___

b)

8 · 2 = ___ 9 · 3 = ___

7 · 3 = ___

6 · 4 = ___

c)

4 · 5 = ___ 5 · 6 = ___ 6 · 7 = ___

3 · 6 = ___ 4 · 7 = ___ 5 · 8 = ___

**2** Suche in der Einmaleins-Tafel Aufgaben mit gleichem Ergebnis.

| 12 | 18 | 20 | 24 |
|---|---|---|---|
| 2 · 6 | 2 · | | |
| 3 · 4 | 3 · | | |
| | | | |
| | | | |

**3** Rechne und vergleiche.

| | | | | |
|---|---|---|---|---|
| 8 · 3 = ___ | 8 · 6 = ___ | 8 · 9 = ___ | 8 · 8 = ___ | 8 · 7 = ___ |
| 4 · 3 = ___ | 4 · 6 = ___ | 4 · 9 = ___ | 4 · 8 = ___ | 4 · 7 = ___ |
| 2 · 3 = ___ | 2 · 6 = ___ | 2 · 9 = ___ | 2 · 8 = ___ | 2 · 7 = ___ |

**4**

| | | | | |
|---|---|---|---|---|
| 3 · 3 = ___ | 3 · 6 = ___ | 3 · 9 = ___ | 3 · 8 = ___ | 3 · 7 = ___ |
| 6 · 3 = ___ | 6 · 6 = ___ | 6 · 9 = ___ | 6 · 8 = ___ | 6 · 7 = ___ |



**1–4** Aufgaben mithilfe der Einmaleins-Tafel rechnen. Muster erkennen. Zur Grundlegung und zum Üben hintere Umschlagseite benutzen.

→ Schulbuch, Seite 78

# Forschen und Finden: Die Einmaleins-Tafel

**1** Rechne die Malaufgaben.
Addiere immer die Ergebnisse der roten und der blauen Aufgaben.

a) 4 · 6 | 3 · 6 | 4 · 7 | 3 · 7

24 | 18 | 28 | 21

24 + 21 = ____

18 + 28 = ____

b) 6 · 2 | 5 · 2 | 6 · 3 | 5 · 3

c) 9 · 3 | 8 · 3 | 9 · 4 | 8 · 4

d) Finde ebenso 4 Malaufgaben auf der Einmaleins-Tafel und vergleiche.

**2** Hat Lena Recht? Begründe.

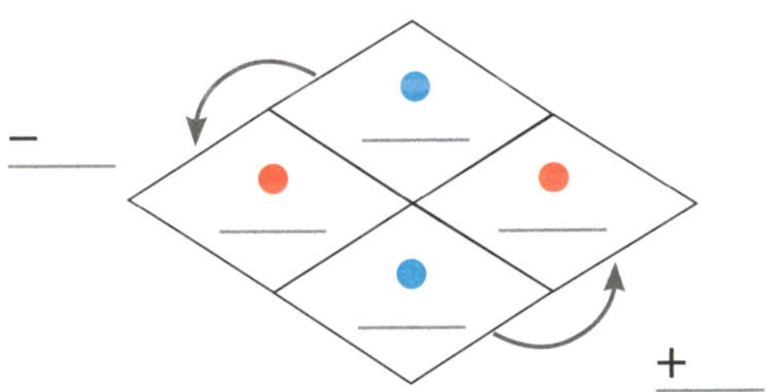

Die Summe der blauen Aufgaben muss immer um 1 kleiner sein als die Summe der roten Aufgaben.

Lena

1 Summe der Ergebnisse von übereinander und nebeneinander stehenden Aufgaben vergleichen. 2 Die Regelmäßigkeit an einem Beispiel begründen.

→ Schulbuch, Seite 79

# Rückblick

○ **1** Finde Plusaufgaben und Malaufgaben zu den Bildern.

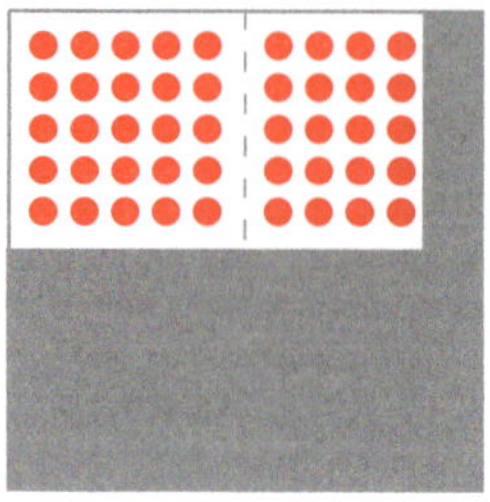

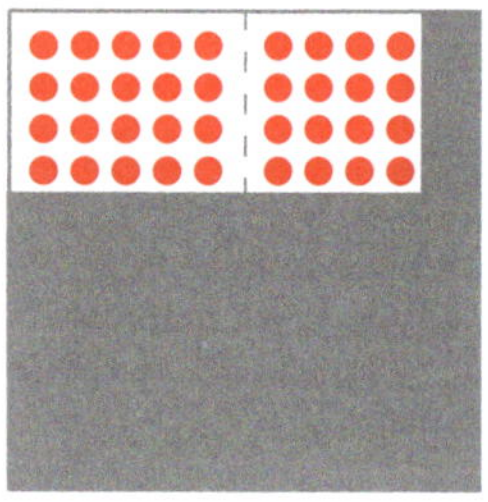

○ **2** Tauschaufgaben. Welche Aufgabe findest du einfacher? Kreuze an.

a) 2 · 4 = ____
4 · 2 = ____

b) 5 · 6 = ____
6 · 5 = ____

c) 8 · 2 = ____
2 · 8 = ____

d) 10 · 3 = ____
3 · 10 = ____

○ **3** Ordne und rechne einfache Aufgaben.

~~5 · 6~~ | 2 · 3 | 6 · 6 | 9 · 10 | 4 · 2 | 4 · 5 | 10 · 4

mit 5 | mit 10 | mit 2 | Quadrat

5 · 6 =

○ **4** Rechne mit einer Nachbaraufgabe.

a) 5 · 3 = ____
6 · 3 = ____

b) 10 · 4 = ____
9 · 4 = ____

c) 4 · 4 = ____
3 · 4 = ____

d) 2 · 6 = ____
3 · 6 = ____

○ **5** Wie viel Geld ist es? Schreibe den Betrag.

a)  ____

b)  ____

Wesentliche Inhalte des Kapitels noch einmal reflektieren, die eigenen Kompetenzen einschätzen.

→ Schulbuch, Seiten 80/81

**1** Lege mit allen Tangramformen nach. Zeichne ein.

a)

b)

c)

d)

e)

f)

**2** Schreibe auf, welche Tangramformen du brauchst. Zeichne ein.

a)

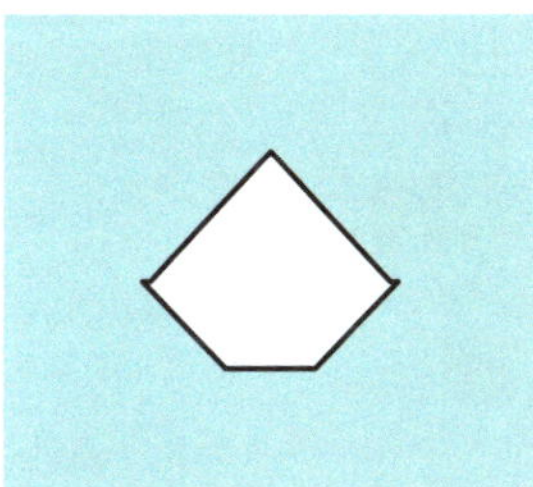

Ich brauche diese 4 Tangramformen:

b)

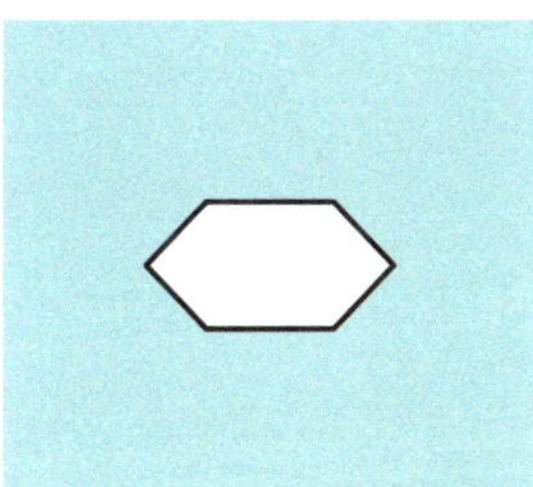

Ich brauche diese 4 Tangramformen:

c)

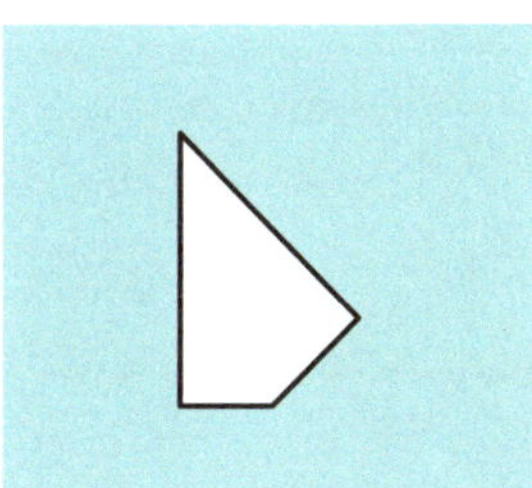

Ich brauche diese 3 Tangramformen:

1 Strategien entwickeln, wie die Tangramformen aus allen Tangramteilen gelegt werden können. 2 Formen aus einer bestimmten Anzahl an Tangramteilen legen, zeichnen und aufschreiben, welche Tangramteile verwendet wurden. Wichtige Wörter: (kleines, mittleres, großes) Dreieck, Quadrat, Parallelogramm.

→ Schulbuch, Seiten 82/83

# Spiegeln

**1** Zeichne das Spiegelbild.

a)

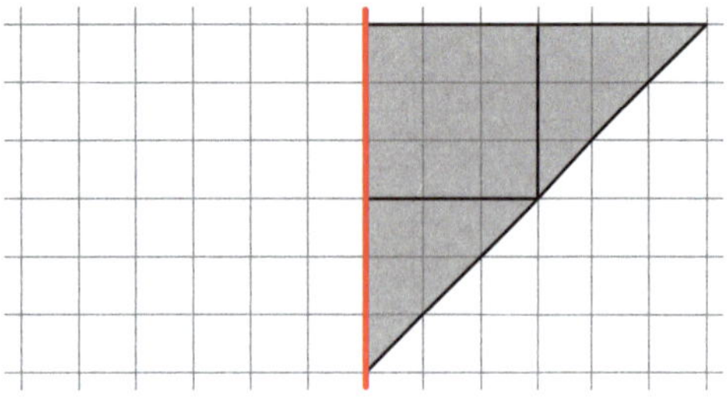

b)

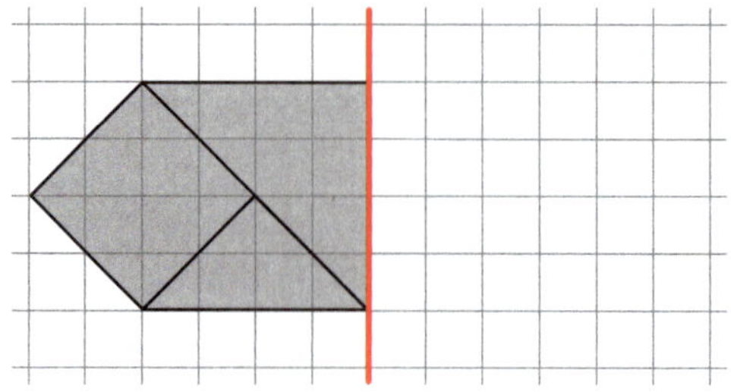

**2** Zeichne das Spiegelbild.

a)

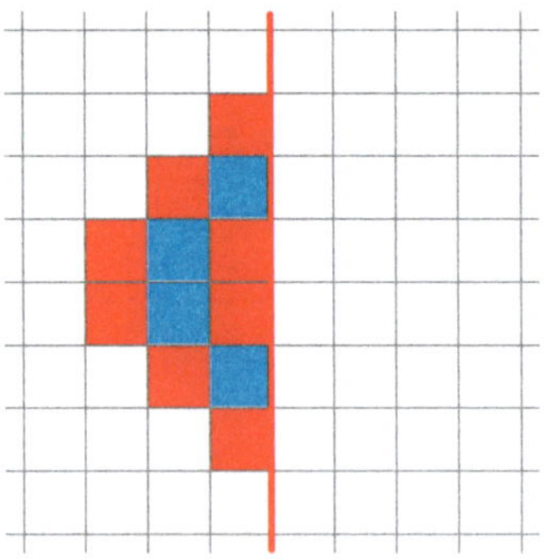

b)

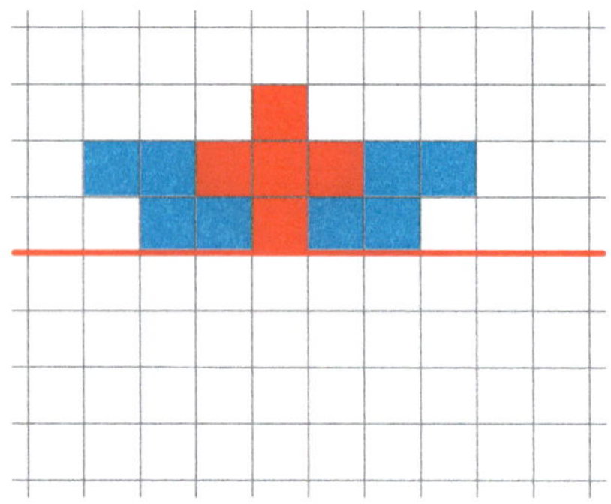

c)

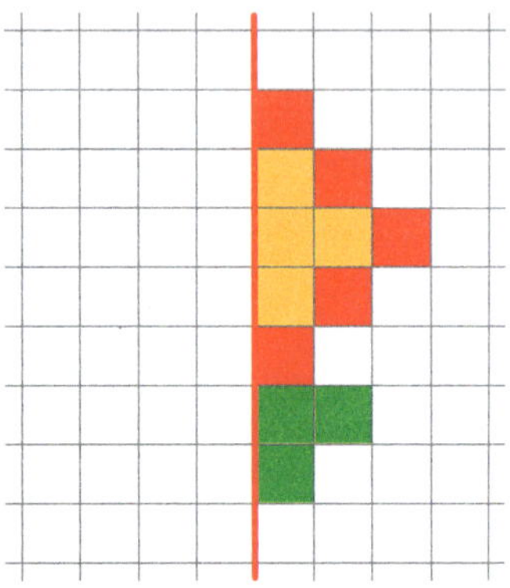

d)

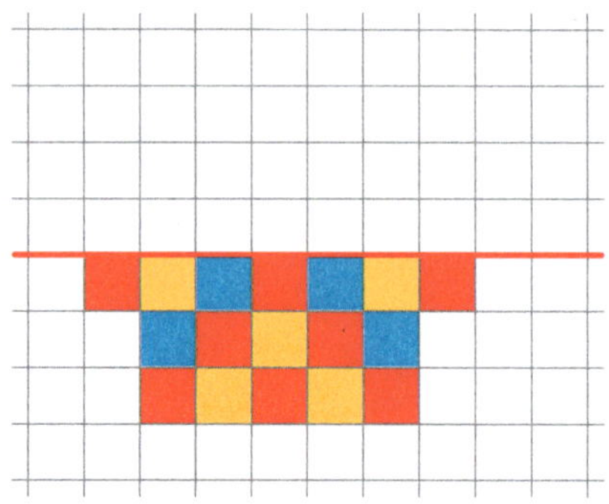

**3** Spiegle und zeichne. Setze fort.

a)

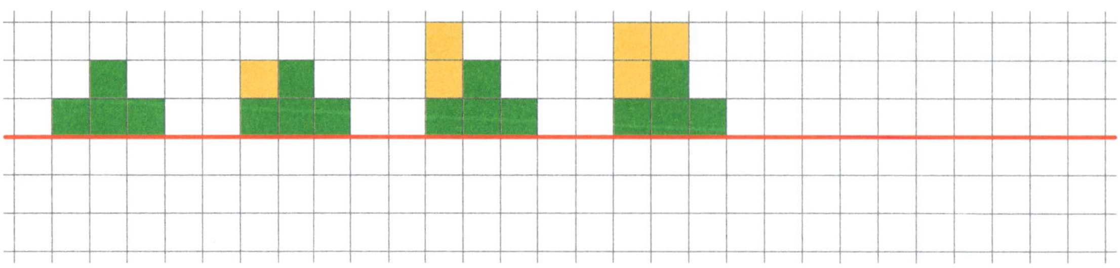

b)

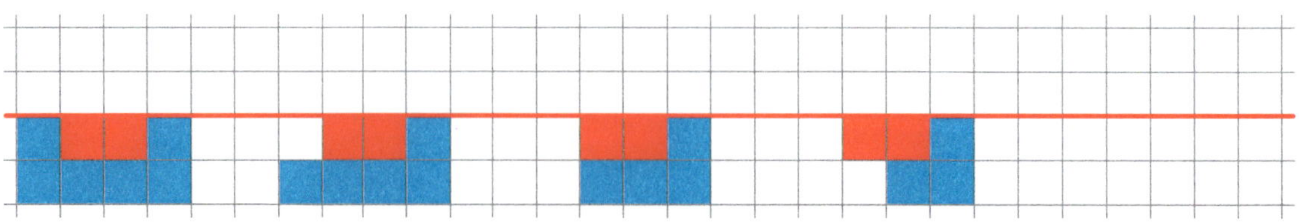



**1, 2** Figuren spiegelbildlich ergänzen. **3** Figuren spiegelbildlich ergänzen. Muster fortsetzen. In b) gibt es verschiedene mögliche Fortsetzungen.

→ Schulbuch, Seiten 84/85

# Teilen in der Umwelt

**1** Geteiltaufgaben. Kreise ein. Rechne.

a) 21 Zitronen.
Immer 3 Zitronen  .

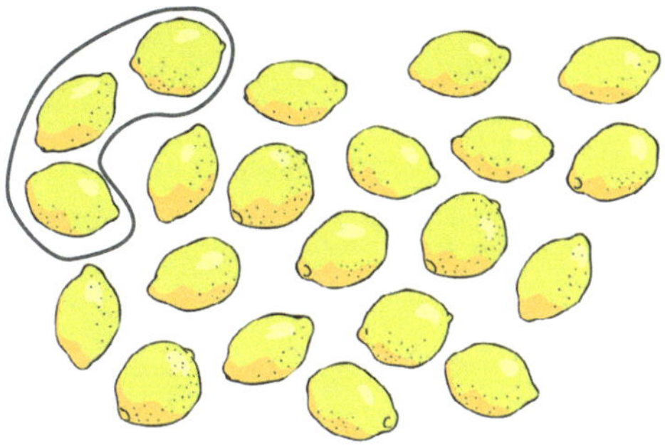

21 : 3 = ____

b) 24 Zitronen.
Immer 3 Zitronen  .

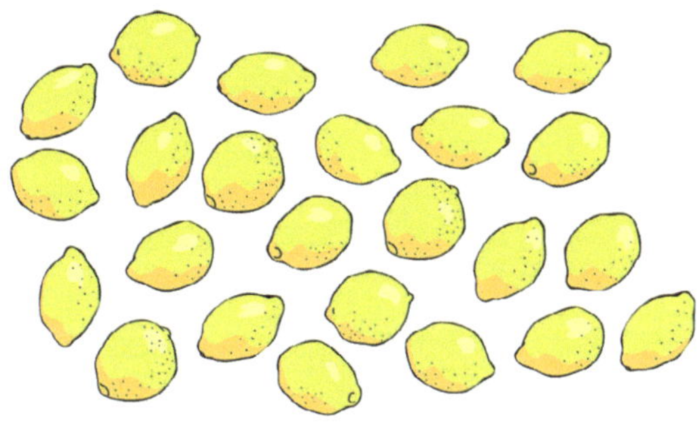

24 : 3 = ____

c) 20 Birnen.
Immer 4 Birnen  .

20 : 4 = ____

d) 16 Birnen.
Immer 4 Birnen  .

16 : 4 = ____

**2** a) 15 Brötchen. Immer 5 Brötchen in ein Körbchen.

15 : ____ = ____

b) 20 Brötchen. Immer 5 Brötchen in ein Körbchen.

20 : ____ = ____

1, 2 Aufteilsituationen als Geteiltaufgaben deuten und darstellen.

→ Schulbuch, Seiten 88/89

# Teilen in der Umwelt

○ **1** Finde die Geteiltaufgabe. Zeichne. Rechne.

a) 18 Äpfel.
Immer 3 Äpfel.

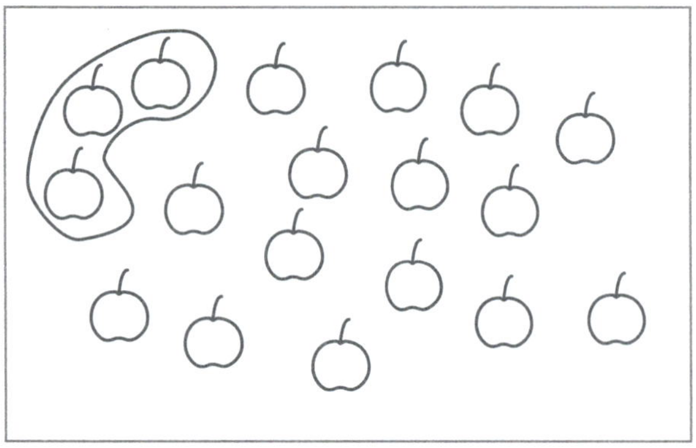

18 : 3 = ______

b) 12 Äpfel.
Immer 4 Äpfel.

______

c) 24 Tomaten.
Immer 6 Tomaten.

______

d) 18 Tomaten.
Immer 3 Tomaten.

______

○ **2** Finde die Geteiltaufgabe. Rechne.

a) 15 Büsche.
In jedes Beet 3 Büsche.

___ : ___ = ___

b) 15 Büsche.
In jedes Beet 5 Büsche.

___ : ___ = ___

c) 12 Bälle.
In jedes Netz 3 Bälle.

___ : ___ = ___

d) 12 Bälle.
In jedes Netz 6 Bälle.

___ : ___ = ___



**1** Aufteilsituationen als Geteiltaufgaben deuten und darstellen. **2** Geteiltaufgaben zur Sachsituation finden und rechnen.

→ Schulbuch, Seiten 88/89

# Umkehraufgaben

Ich denke an die Umkehraufgabe.
Wie viele Vierer sind zusammen 20?
5 mal 4 gleich 20.
24 sind also 1 Vierer mehr.

**1** Rechne die Geteiltaufgabe und die Umkehraufgabe.

a) Wie viele **Vierer**?

20 : 4 = ___
___ · 4 = ___

24 : 4 = ___
___ · 4 = ___

28 : 4 = ___
___ · 4 = ___

Lilly

b) Wie viele **Dreier**?

18 : 3 = ___
___ · ___ = ___

24 : 3 = ___
___ · ___ = ___

c) Wie viele **Sechser**?

30 : 6 = ___
___ · 6 = ___

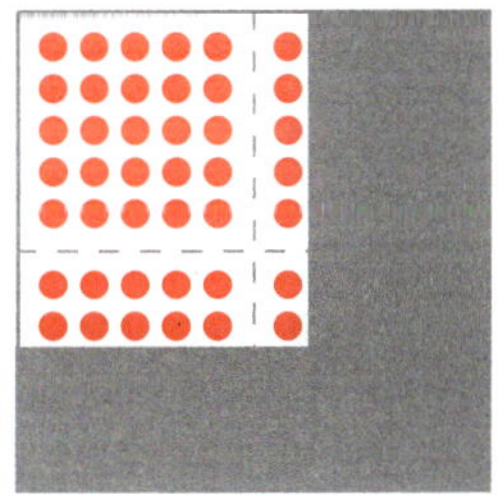

42 : 6 = ___
___ · 6 = ___

**2** Rechne die Geteiltaufgabe mit der Umkehraufgabe.

a) Immer Fünfer.

30 : 5 = 6
6 · 5 = 30

40 : 5 = ___
___ · 5 = ___

b) Immer Zehner.

90 : 10 = ___
___ · 10 = ___

80 : 10 = ___
___ · 10 = ___

c) Immer Sechser.

36 : 6 = ___
___ · 6 = ___

42 : 6 = ___
___ · 6 = ___

d) Immer Achter.

32 : 8 = ___
___ · 8 = ___

24 : 8 = ___
___ · 8 = ___

e) Immer Neuner.

27 : 9 = ___
___ · 9 = ___

36 : 9 = ___
___ · 9 = ___

f) Immer Siebener.

28 : 7 = ___
___ · 7 = ___

35 : 7 = ___
___ · 7 = ___

**1, 2** Beziehung zwischen Multiplikation und Division herausstellen. Aufgabe und Umkehraufgabe finden. Struktur der Umkehraufgaben zum einfachen Ausrechnen nutzen.

→ Schulbuch, Seiten 90/91

# Zweier-, Fünfer- und Zehnerreihe

○ **1** Die Fünferreihe. Zeige und rechne die Mal- und Geteiltaufgaben.

| | |
|---|---|
| 1 · 5 = ___ , also ___ : 5 = ___ | 3 · 5 = ___ , also ___ : 5 = ___ |
| 2 · 5 = ___ , also ___ : 5 = ___ | 4 · 5 = ___ , also ___ : 5 = ___ |
| 5 · 5 = 25 , also 25 : 5 = ___ | 6 · 5 = ___ , also ___ : 5 = ___ |
| 10 · 5 = ___ , also ___ : 5 = ___ | 9 · 5 = ___ , also ___ : 5 = ___ |

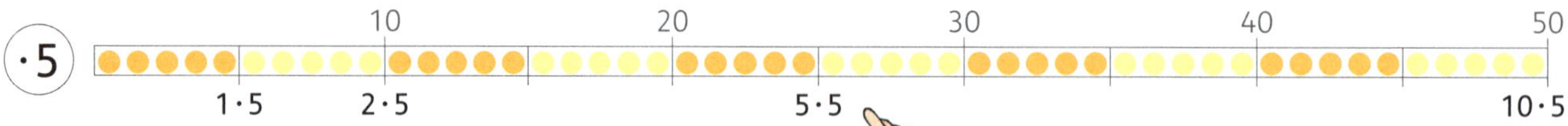

○ **2** Die Zweierreihe. Zeige und rechne die Mal- und Geteiltaufgaben.

| | |
|---|---|
| 1 · 2 = ___ , also ___ : 2 = ___ | 3 · 2 = ___ , also ___ : 2 = ___ |
| 2 · 2 = ___ , also ___ : 2 = ___ | 4 · 2 = ___ , also ___ : 2 = ___ |
| 5 · 2 = ___ , also ___ : 2 = ___ | 7 · 2 = ___ , also ___ : 2 = ___ |
| 10 · 2 = ___ , also ___ : 2 = ___ | 8 · 2 = ___ , also ___ : 2 = ___ |

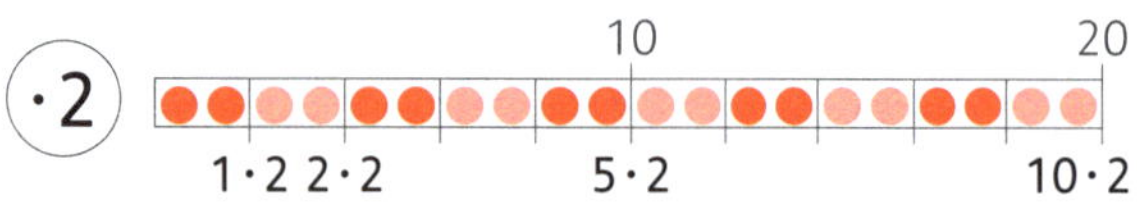


○ **3** Die Zehnerreihe. Zeige und rechne die Mal- und Geteiltaufgaben.

| | |
|---|---|
| 1 · 10 = ___ , also ___ : 10 = ___ | 3 · 10 = ___ , also ___ : 10 = ___ |
| 2 · 10 = ___ , also ___ : 10 = ___ | 4 · 10 = ___ , also ___ : 10 = ___ |
| 5 · 10 = ___ , also ___ : 10 = ___ | 7 · 10 = ___ , also ___ : 10 = ___ |
| 10 · 10 = ___ , also ___ : 10 = ___ | 9 · 10 = ___ , also ___ : 10 = ___ |

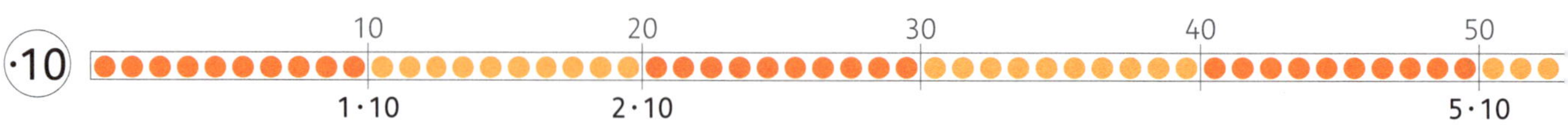




**1–3** Die Multiplikation der Zehner-, Fünfer und Zweierreihe an den Malreihen zeigen. Mal- und Geteiltaufgaben stets miteinander verknüpfen.

→ Schulbuch, Seiten 92/93

**4** Zehnerreihe und Fünferreihe. Welche Zahl passt? Finde passende Malaufgaben.

10 = ____ · 10  80 = ____ · 10  30 = ____ · 10  60 = ____ · 10
90 = ____ · 10  20 = ____ · 10  70 = ____ · 10  40 = ____ · 10

25 = ____ · 5  10 = ____ · 5  50 = ____ · 5  30 = ____ · 5
20 = ____ · 5  15 = ____ · 5  40 = ____ · 5  45 = ____ · 5

**5** Welche Zahl passt? Finde passende Malaufgaben.

10 = ____ · 10  20 = ____ · 10  30 = ____ · 10  40 = ____ · 10
10 = ____ · 5  20 = ____ · 5  30 = ____ · 5  40 = ____ · 5
10 = ____ · 2  20 = ____ · 2  30 = ____ · 6  40 = ____ · 8

**6**

4 · 10 = ____  8 · 5 = ____  10 · 2 = ____  2 · 2 = ____
2 · 10 = ____  3 · 5 = ____  9 · 2 = ____  3 · 10 = ____
5 · 10 = ____  6 · 5 = ____  2 · 2 = ____  3 · 5 = ____
7 · 10 = ____  5 · 5 = ____  4 · 2 = ____  3 · 2 = ____
10 · 10 = ____  7 · 5 = ____  8 · 2 = ____  5 · 10 = ____
9 · 10 = ____  10 · 5 = ____  7 · 2 = ____  5 · 5 = ____
1 · 10 = ____  9 · 5 = ____  5 · 2 = ____  5 · 2 = ____
8 · 10 = ____  1 · 5 = ____  6 · 2 = ____  10 · 10 = ____
0 · 10 = ____  0 · 5 = ____  3 · 2 = ____  10 · 5 = ____

**7** a) Wie viel Cent?

____________

____________

____________

b) Wie viel Euro?

____________

____________

____________

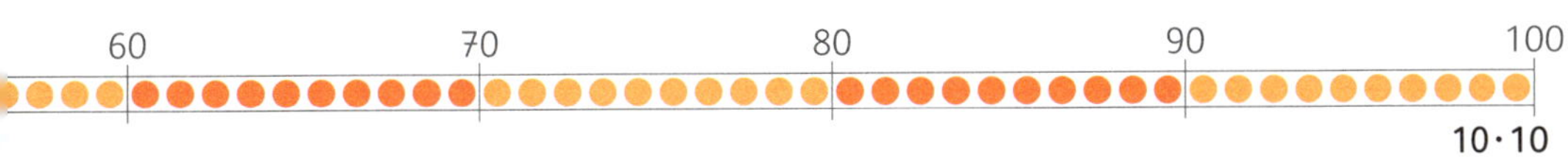


4, 5 Ergebnisse von Malaufgaben rechnen und/oder unter Nutzung der Aufgaben mal 2, mal 5 und mal 10 geschickt ablesen.
6 Ergebnisse der Kernaufgaben zunehmend sichern. 7 Erkennen und Berechnen von Malaufgaben im Sachkontext Geld.

→ Schulbuch, Seiten 92/93

# Dreier- und Sechserreihe

**1** Die Dreierreihe. Zeige und rechne mit den Kernaufgaben.

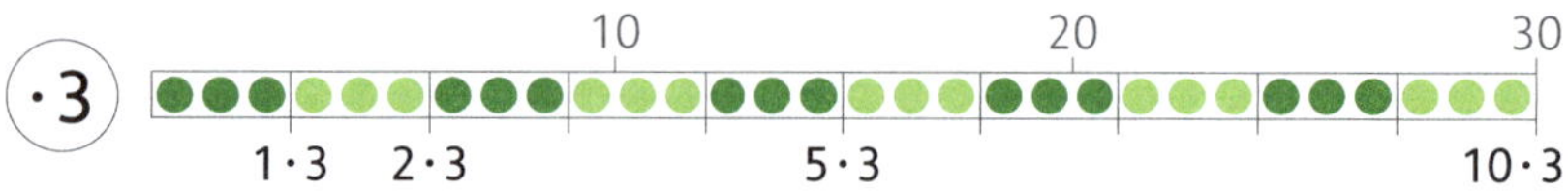


a) **2 · 3 =** ____ 
3 · 3 = ____

b) **5 · 3 =** ____ 
6 · 3 = ____

c) **10 · 3 =** ____ 
9 · 3 = ____

d) **2 · 3 =** ____ 
4 · 3 = ____

e) **5 · 3 =** ____ 
7 · 3 = ____

**2** Wie viele Dreier? Zeige und rechne an der Dreierreihe.

**30 : 3** = ____ , denn ____ · 3 = 30

**6 : 3** = ____ , denn ____ · 3 = 6

**15 : 3** = ____ , denn ____ · 3 = 15

**3 : 3** = ____ , denn ____ · 3 = 3

**3** Wie viele Dreier? Zeichne und rechne mit den Kernaufgaben.

a) **6 : 3** = ____ 
9 : 3 = ____

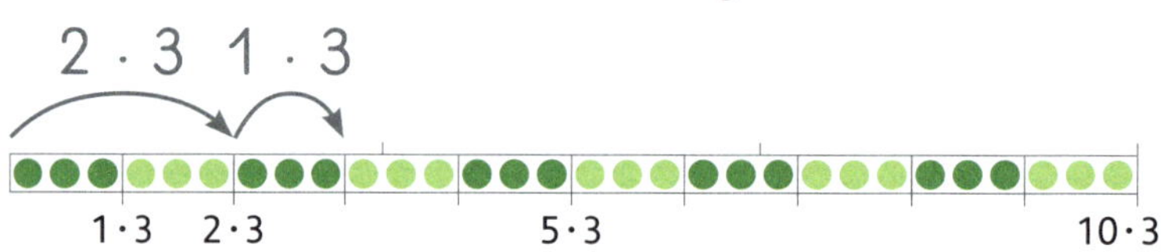


b) **15 : 3** = ____ 
18 : 3 = ____

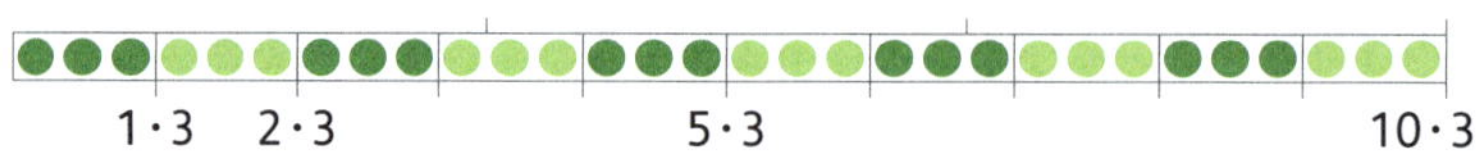


c) **30 : 3** = ____ 
24 : 3 = ____

d) **15 : 3** = ____ 
21 : 3 = ____

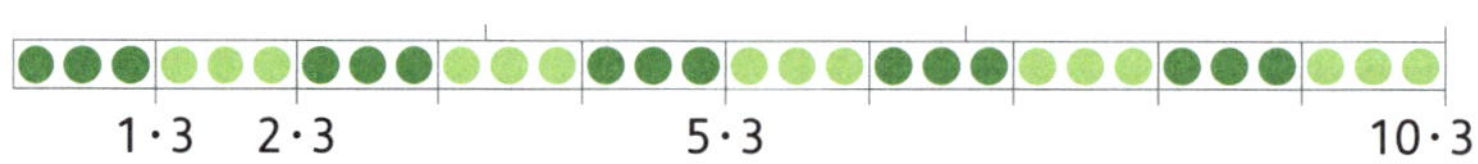


**4** Die Sechserreihe. Zeige und rechne mit den Kernaufgaben

a) **2 · 6 =** ____ 
3 · 6 = ____

b) **5 · 6 =** ____ 
6 · 6 = ____

c) **10 · 6 =** ____ 
9 · 6 = ____

d) **2 · 6 =** ____ 
4 · 6 = ____

e) **5 · 6 =** ____ 
7 · 6 = ____

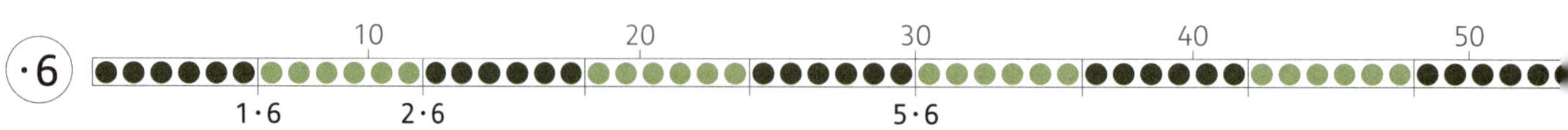




**1–4** Aufgaben der Dreier- und Sechserreihe mithilfe der Kernaufgaben an den Malreihen zeigen und lösen. Mal- und Geteiltaufgaben miteinander verknüpfen.

→ Schulbuch, Seiten 94/95

**5** Wie viele Sechser? Zeige und rechne an der Sechserreihe.

60 : 6 = ____ , denn ____ · 6 = 60     30 : 6 = ____ , denn ____ · 6 = 30

12 : 6 = ____ , denn ____ · 6 = 12     36 : 6 = ____ , denn ____ · 6 = 36

**6** Wie viele Sechser? Rechne mit den Kernaufgaben.

a) **30 : 6 =** ____

36 : 6 = ____

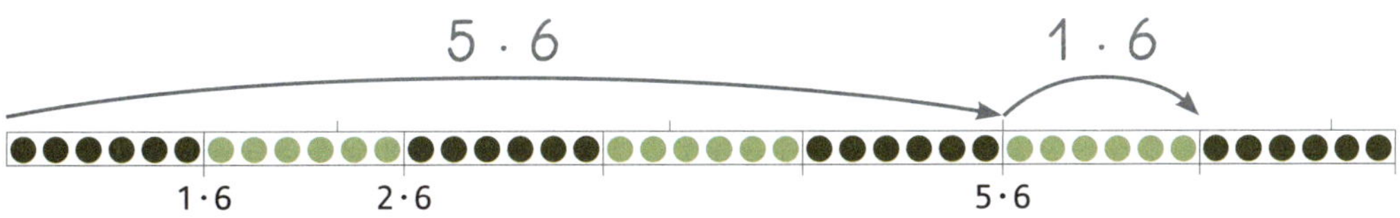


| b) **30 : 6 =** ____ | c) **12 : 6 =** ____ | d) **12 : 6 =** ____ | e) **60 : 6 =** ____ | f) **60 : 6 =** ____ |
|---|---|---|---|---|
| 24 : 6 = ____ | 18 : 6 = ____ | 24 : 6 = ____ | 48 : 6 = ____ | 54 : 6 = ____ |

**7** Zeige an der Dreierreihe.     Zeige an der Sechserreihe.

| | | | |
|---|---|---|---|
| **30 : 3 =** ____ | **15 : 3 =** ____ | **60 : 6 =** ____ | **30 : 6 =** ____ |
| 27 : 3 = ____ | 12 : 3 = ____ | 54 : 6 = ____ | 24 : 6 = ____ |
| 24 : 3 = ____ | 9 : 3 = ____ | 48 : 6 = ____ | 18 : 6 = ____ |
| 21 : 3 = ____ | **6 : 3 =** ____ | 42 : 6 = ____ | **12 : 6 =** ____ |
| 18 : 3 = ____ | **3 : 3 =** ____ | 36 : 6 = ____ | **6 : 6 =** ____ |

**8** Welche Zahl passt? Finde passende Malaufgaben.

| | | | |
|---|---|---|---|
| 12 = ____ · 6 | 60 = ____ · 6 | 30 = ____ · 6 | 18 = ____ · 6 |
| 18 = ____ · 6 | 54 = ____ · 6 | 36 = ____ · 6 | 24 = ____ · 6 |
| 30 = ____ · 3 | 3 = ____ · 3 | 15 = ____ · 3 | 18 = ____ · 3 |
| 27 = ____ · 3 | 6 = ____ · 3 | 18 = ____ · 3 | 21 = ____ · 3 |

**9** Wie viele Würfelaugen sind es? Rechne.

a)  

____    ____

b)  

____    ____

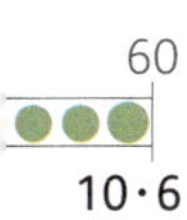


**5, 6** Ergebnisse von Malaufgaben rechnen und/oder unter Nutzung der Aufgaben mal 3 und mal 6 geschickt ablesen. **7** Divisionsaufgaben mit 3 und 6 mithilfe der Kernaufgaben lösen. **8** Ergebnisse der Malaufgaben ggf. an der Malreihe ablesen. **9** Erkennen und Berechnen von Malaufgaben (mal 3 und mal 6) im Sachkontext.

→ Schulbuch, Seiten 94/95

# Vierer- und Achterreihe

**1** Die Viererreihe. Zeige und rechne mit den Kernaufgaben.

> 3 mal 4.
> Ich rechne mit 2 mal 4 gleich 8.
> Dann noch 1 Vierer mehr.

Finn

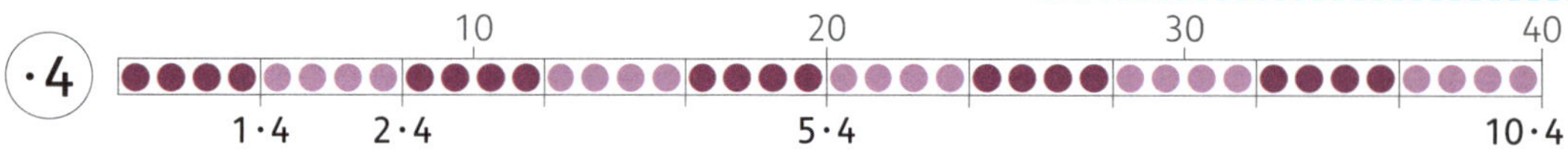


a) **2 · 4 =** ____ 
3 · 4 = ____

b) **10 · 4 =** ____ 
9 · 4 = ____

c) **5 · 4 =** ____ 
6 · 4 = ____

d) **10 · 4 =** ____ 
8 · 4 = ____

e) **5 · 4 =** ____ 
7 · 4 = ____

**2** Wie viele Vierer? Zeige und rechne an der Viererreihe.

40 : 4 = ____ , denn ____ · 4 = 40  
8 : 4 = ____ , denn ____ · 4 = 8

20 : 4 = ____ , denn ____ · 4 = 20  
16 : 4 = ____ , denn ____ · 4 = 16

**3** Wie viele Vierer?  
Zeichne und rechne mit Kernaufgaben am Rechenstrich.

a) 8 : 4 = ____ 
12 : 4 = ____

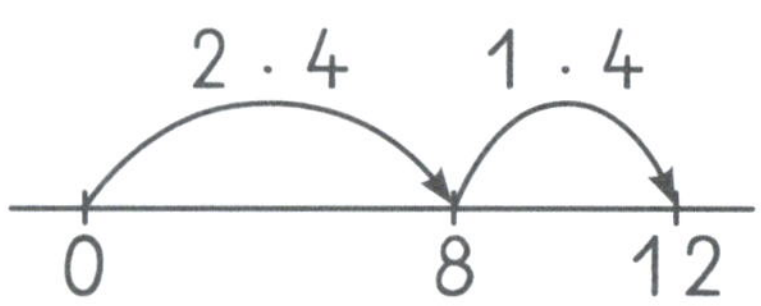

> 8 sind 2 Vierer. 12 sind also 3 Vierer.

Sophie

b) 20 : 4 = ____ 
24 : 4 = ____  
0

c) 40 : 4 = ____ 
36 : 4 = ____  
0

d) 20 : 4 = ____ 
16 : 4 = ____  
0

e) 40 : 4 = ____ 
32 : 4 = ____  
0

**4** Die Achterreihe. Zeige und rechne mit den Kernaufgaben.

a) **2 · 8 =** ____ 
3 · 8 = ____

b) **10 · 8 =** ____ 
9 · 8 = ____

c) **5 · 8 =** ____ 
6 · 8 = ____

d) **10 · 8 =** ____ 
8 · 8 = ____

e) **5 · 8 =** ____ 
7 · 8 = ____

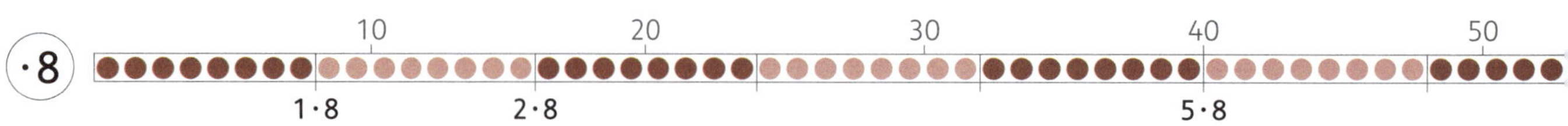




**1–4** Aufgaben der Vierer- und Achterreihe mithilfe der Kernaufgaben an den Malreihen zeigen und lösen. Mal- und Geteiltaufgaben miteinander verknüpfen.

→ Schulbuch, Seiten 96/97

**5** Wie viele Achter? Zeichne und rechne mit Kernaufgaben am Rechenstrich.

a) 40 : 8 = ____
48 : 8 = ____
0

b) 80 : 8 = ____
72 : 8 = ____
0

c) 16 : 8 = ____
24 : 8 = ____
0

d) 16 : 8 = ____
32 : 8 = ____
0

e) 80 : 8 = ____
64 : 8 = ____
0

f) 40 : 8 = ____
56 : 8 = ____
0

**6** Zeige an der Viererreihe.

**40 : 4 =** ____ **20 : 4 =** ____
36 : 4 = ____ 16 : 4 = ____
32 : 4 = ____ 12 : 4 = ____
28 : 4 = ____ **8 : 4 =** ____
24 : 4 = ____ **4 : 4 =** ____

Zeige an der Achterreihe.

**80 : 8 =** ____ **40 : 8 =** ____
72 : 8 = ____ 32 : 8 = ____
64 : 8 = ____ 24 : 8 = ____
56 : 8 = ____ **16 : 8 =** ____
48 : 8 = ____ **8 : 8 =** ____

**7** Maltabellen.

| · | 2 | 5 |
|---|---|---|
| 4 | | |
| 8 | | |

| · | 3 | 6 |
|---|---|---|
| 4 | | |
| 8 | | |

| · | 5 | 10 |
|---|---|---|
| 4 | | |
| 8 | | |

| · | 6 | 7 |
|---|---|---|
| 4 | | |
| 8 | | |

| · | 8 | 4 |
|---|---|---|
| 4 | | |
| 3 | | |

| · | 8 | 2 |
|---|---|---|
| 2 | | |
| 7 | | |

| · | 8 | 4 |
|---|---|---|
| 6 | | |
| 9 | | |

| · | 4 | 8 |
|---|---|---|
| 7 | | |
| 6 | | |

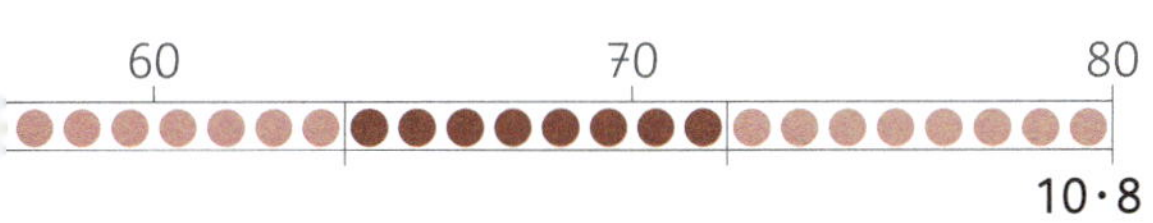


5 Nachbaraufgaben von Geteiltaufgaben erkunden und nutzen. 6 Divisionsaufgaben mit 4 und 8 mithilfe der Kernaufgaben lösen. 7 Maltabellen berechnen.

→ Schulbuch, Seiten 96/97

# Siebener- und Neunerreihe

○ **1** Die Siebenerreihe. Zeige und rechne mit den Kernaufgaben.

a) **2 · 7 =** ___ b) **10 · 7 =** ___ c) **5 · 7 =** ___ d) **10 · 7 =** ___ e) **5 · 7 =** ___

3 · 7 = ___ 9 · 7 = ___ 6 · 7 = ___ 8 · 7 = ___ 7 · 7 = ___

○ **2** Wie viele Siebener? Zeige und rechne an der Siebenerreihe.

70 : 7 = ___, denn ___ · 7 = 70 14 : 7 = ___, denn ___ · 7 = 14

35 : 7 = ___, denn ___ · 7 = 35 49 : 7 = ___, denn ___ · 7 = 49

◒ **3** Wie viele Siebener?

Zeichne und rechne mit Kernaufgaben am Rechenstrich.

a) 70 : 7 = ___

63 : 7 = ___

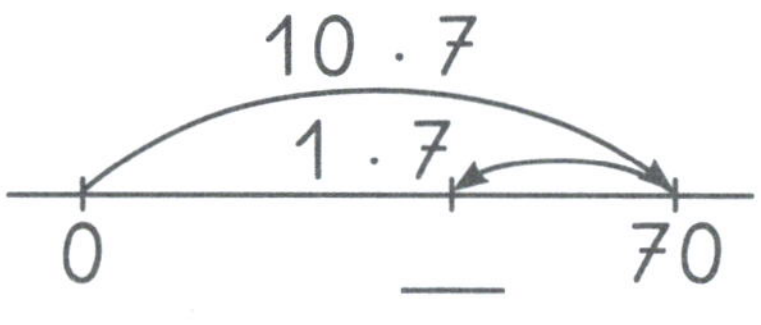

b) 14 : 7 = ___

21 : 7 = ___

0

c) 14 : 7 = ___

28 : 7 = ___

0

d) 35 : 7 = ___

42 : 7 = ___

0

e) 70 : 7 = ___

56 : 7 = ___

0

○ **4** Die Neunerreihe. Zeige und rechne mit den Kernaufgaben.

a) **2 · 9 =** ___ b) **10 · 9 =** ___ c) **5 · 9 =** ___ d) **10 · 9 =** ___ e) **5 · 9 =** ___

3 · 9 = ___ 9 · 9 = ___ 6 · 9 = ___ 8 · 9 = ___ 7 · 9 = ___

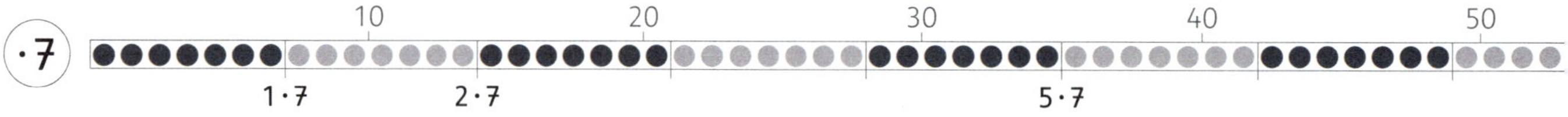


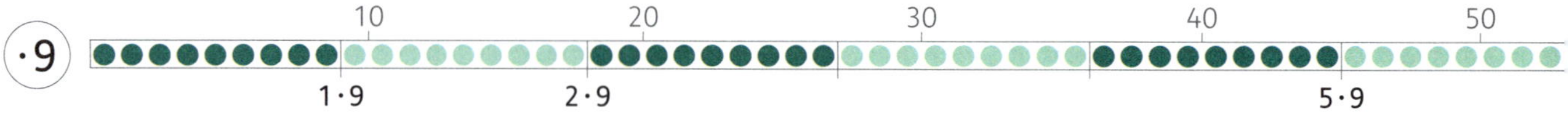


**1–4** Aufgaben der Siebener- und Neunerreihe mithilfe der Kernaufgaben an den Malreihen zeigen und lösen. Mal- und Geteiltaufgaben miteinander verknüpfen.

→ Schulbuch, Seiten 98/99

**5** Wie viele Neuner? Zeichne und rechne mit Kernaufgaben am Rechenstrich.

a) 90 : 9 = ___
81 : 9 = ___
0

b) 90 : 9 = ___
72 : 9 = ___
0

c) 18 : 9 = ___
27 : 9 = ___
0

d) 18 : 9 = ___
36 : 9 = ___
0

e) 45 : 9 = ___
54 : 9 = ___
0

f) 45 : 9 = ___
63 : 9 = ___
0

**6** Welche Zahl passt?

| | | | |
|---|---|---|---|
| 14 = ___ · 7 | 35 = ___ · 7 | 70 = ___ · 7 | 49 = ___ · 7 |
| 21 = ___ · 7 | 28 = ___ · 7 | 63 = ___ · 7 | 42 = ___ · 7 |
| 18 = ___ · 9 | 45 = ___ · 9 | 90 = ___ · 9 | 60 = ___ · 6 |
| 27 = ___ · 9 | 36 = ___ · 9 | 81 = ___ · 9 | 54 = ___ · 6 |

**7** Beginne immer mit einer einfachen Aufgabe.

| a) | b) | c) | d) |
|---|---|---|---|
| 21 : 3 = ___ | 24 : 4 = ___ | 54 : 9 = ___ | 40 : 8 = ___ |
| 15 : 3 = ___ | 28 : 4 = ___ | 45 : 9 = ___ | 48 : 8 = ___ |
| 30 : 3 = ___ | 16 : 4 = ___ | 90 : 9 = ___ | 56 : 8 = ___ |
| 27 : 3 = ___ | 20 : 4 = ___ | 81 : 9 = ___ | 32 : 8 = ___ |

| e) | f) | g) |
|---|---|---|
| 24 : 6 = ___ | 28 : 7 = ___ | 72 : 8 = ___ |
| 18 : 6 = ___ | 35 : 7 = ___ | 64 : 8 = ___ |
| 36 : 6 = ___ | 42 : 7 = ___ | 40 : 8 = ___ |
| 60 : 6 = ___ | 21 : 7 = ___ | 80 : 8 = ___ |

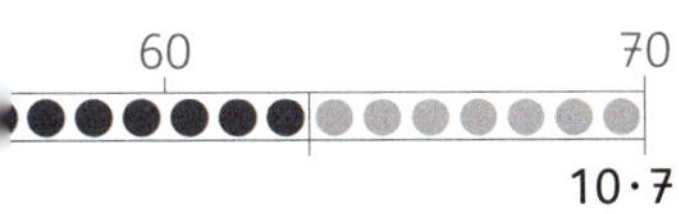


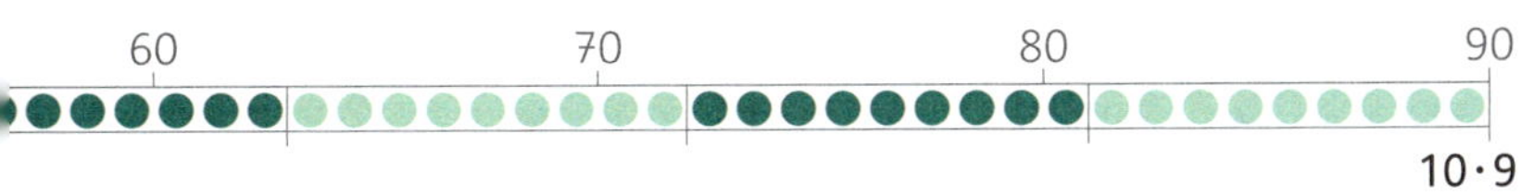


5, 6 Ergebnisse von Malaufgaben rechnen und/oder unter Nutzung der Aufgaben mal 7 und mal 9 geschickt ablesen.
7 Divisionsaufgaben mithilfe der Kernaufgaben lösen.

→ Schulbuch, Seiten 98/99

**1** Wie viele Netze? Wie viele Zitronen?

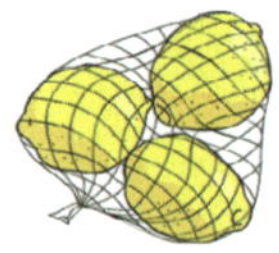

1 Netz
3 Zitronen

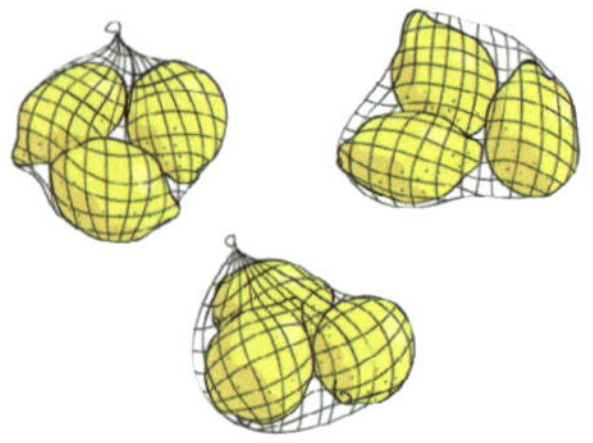

___ Netze
___ Zitronen

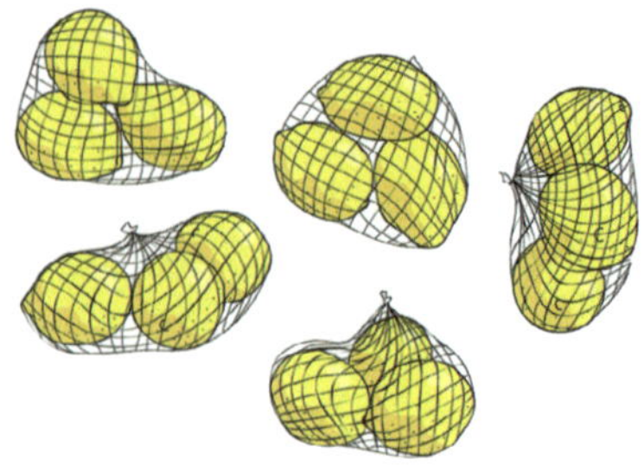

___ Netze
___ Zitronen

**2** Wie viele Kartons? Wie viele Eier?

___ Karton
___ Eier

___ Kartons
___ Eier

___ Kartons
___ Eier

**3** Wie viele Autos? Wie viele Räder?

___ Auto
___ Räder

___ Autos
___ Räder

___ Autos
___ Räder

**4** Wie viele Kartons? Wie viele Kugeln?

1 Karton
9 Kugeln

___ Kartons
___ Kugeln

___ Kartons
___ Kugeln



1–4 Erkennen und Berechnen von Malaufgaben im Sachkontext.

→ Schulbuch, Seite 100

# Forschen und Finden: Rechenketten

**1** Rechne.

3 —·4→ ☐ —:2→ ☐
4 —·4→ ☐ —:2→ ☐
5 —·4→ ☐ —:2→ ☐

3 —·6→ ☐ —:3→ ☐
4 —·6→ ☐ —:3→ ☐
5 —·6→ ☐ —:3→ ☐

3 —·10→ ☐ —:5→ ☐
4 —·10→ ☐ —:5→ ☐
5 —·10→ ☐ —:5→ ☐

6 —:2→ ☐ —·4→ ☐
8 —:2→ ☐ —·4→ ☐
10 —:2→ ☐ —·4→ ☐

6 —:3→ ☐ —·6→ ☐
9 —:3→ ☐ —·6→ ☐
12 —:3→ ☐ —·6→ ☐

10 —:5→ ☐ —·10→ ☐
15 —:5→ ☐ —·10→ ☐
20 —:5→ ☐ —·10→ ☐

Was fällt dir auf? Erkläre. ______________________________

______________________________

______________________________

______________________________

**2** Rechne.

2 —·6→ ☐ —:2→ ☐ —:3→ ☐
8 —·6→ ☐ —:2→ ☐ —:3→ ☐
10 —·6→ ☐ —:2→ ☐ —:3→ ☐

2 —·8→ ☐ —:2→ ☐ —:4→ ☐
8 —·8→ ☐ —:2→ ☐ —:4→ ☐
10 —·8→ ☐ —:2→ ☐ —:4→ ☐

Was fällt dir auf? Erkläre. ______________________________

______________________________

______________________________

______________________________

**1, 2** Rechenketten vergleichen und Zusammenhänge erklären.

→ Schulbuch, Seite 101

# Rückblick

○ **1** Finde Aufgaben zu den Bildern.

____________ ____________

○ **2** Rechne die Malaufgabe und die Umkehraufgabe.

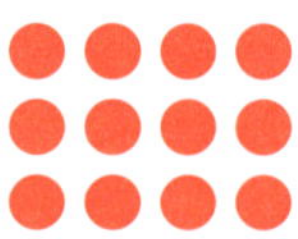

3 · 4 = ____
12 : 4 = ____

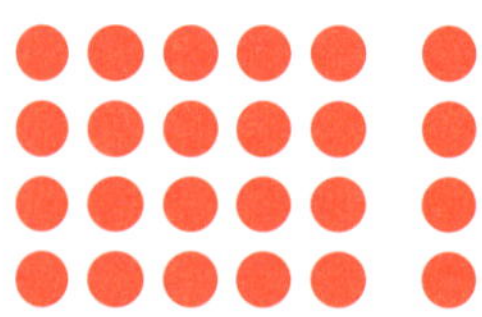

4 · 6 = ____
24 : 6 = ____

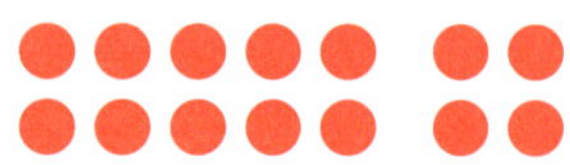

2 · 7 = ____
14 : 7 = ____

○ **3** Rechne mit Kernaufgaben.

**2 · 6 =** ____
3 · 6 = ____

**5 · 8 =** ____
4 · 8 = ____

**10 · 7 =** ____
9 · 7 = ____

**5 · 9 =** ____
4 · 9 = ____

**10 · 3 =** ____
8 · 3 = ____

**10 · 9 =** ____
8 · 9 = ____

**10 · 4 =** ____
8 · 4 = ____

○ **4** Spiegele und zeichne.

a) 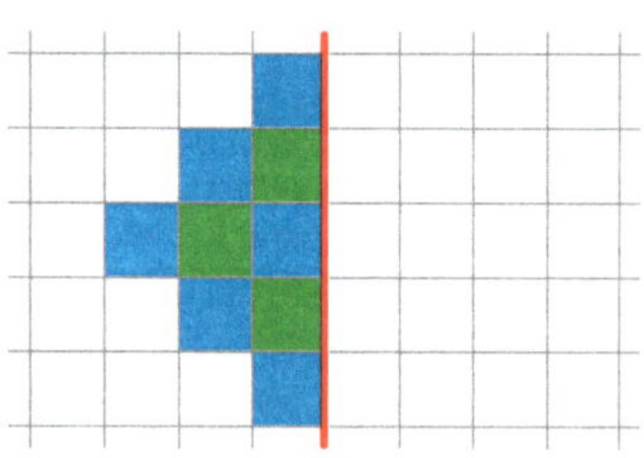

b) 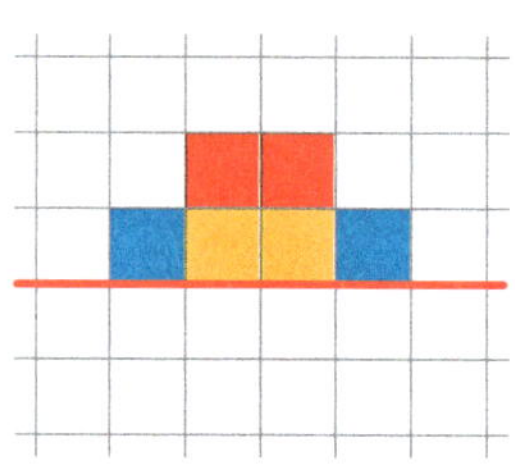

c) 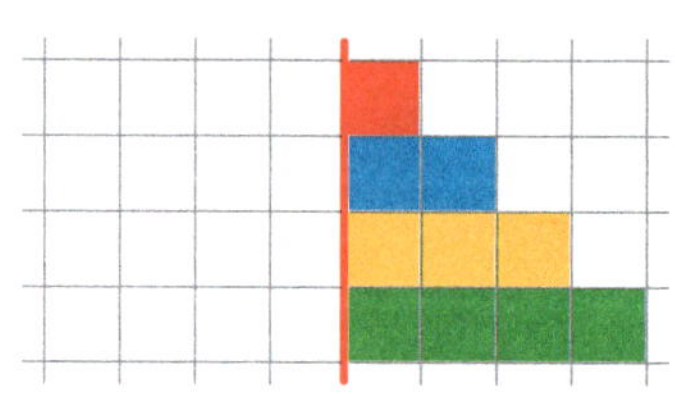



Wesentliche Inhalte des Kapitels noch einmal reflektieren, die eigenen Kompetenzen einschätzen.

→ Schulbuch, Seiten 102/103

# Skizzen zeichnen

**1** Wie lang ist der Zaun?
Berechne den Umfang.
Löse mit einer Skizze.

**2** Löse mit einer Skizze.

a) Der Streichelzoo bekommt einen neuen Zaun. Der Zaun ist 6 m lang.
Die Zaunpfähle haben einen Abstand von 50 cm.
Wie viele Zaunpfähle werden benötigt? ______________________

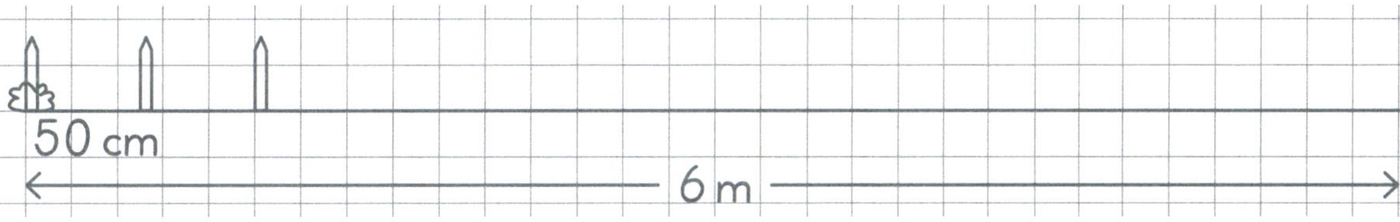


b) Vor dem Zaun werden an den Pfählen Büsche gepflanzt.
Die Büsche haben einen Abstand von 1 m 50 cm. ?

______________________

______________________

**3** Löse mit einer Skizze.
Im Affengehege stehen 5 Bäume gleichmäßig in einer Reihe. Vom ersten bis zum letzten Baum sind es 20 m.
Wie groß ist der Abstand zwischen den einzelnen Bäumen? ______________________

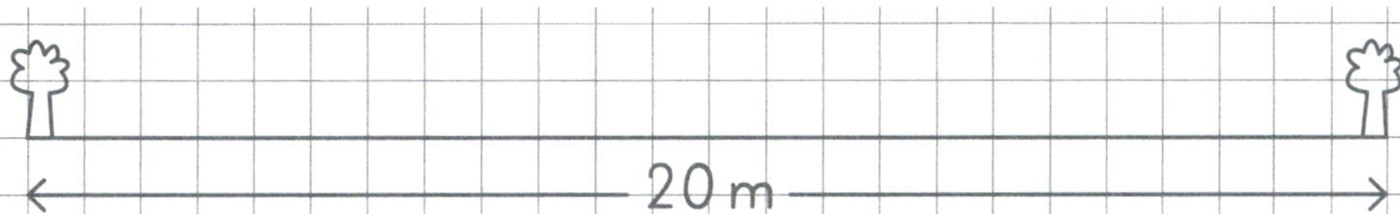


**1–3** Sachaufgaben mithilfe von Skizzen lösen.

→ Schulbuch, Seiten 104/105

**1** Wie viel kostet es?

___________

___________

___________

___________

**Schülercafé Preisliste**

| | | |
|---|---|---|
|  | Waffel | 1 € |
|  | Kugel Eis | 50 Cent |
|  | Sahne | 50 Cent |
|  | Kuchen | 1 € 50 Cent |
|  | Kakao | 1 € |

**2** Das Schülercafé bekommt 8 neue Tische.
Für jeden Tisch gibt es 4 Stühle, 3 Blumen und 2 Speisekarten.
Wie viele Stühle, Blumen und Speisekarten gibt es insgesamt?
Stühle: ____ Blumen: ____ Speisekarten: ____

**3** Das Café bekommt vier Kuchen geliefert. Ein Kuchen hat 12 Stücke.
Wie viele Stücke Kuchen sind es insgesamt?

___________

**4** Marta geht mit 4 € zum Schülercafé.
Sie bestellt ein Stück Kuchen mit Sahne und einen Kakao. ?

___________

___________

___________

**5** Finde eine Rechengeschichte zur Aufgabe 3 · 6 = 18 .

___________

___________

___________



1 Preise berechnen. 2–3 Sachaufgaben lösen. 4 Eine passende Frage formulieren und beantworten. 5 Eine eigene Rechengeschichte erfinden.

→ Schulbuch, Seiten 106/107

# Sachaufgaben zum Verteilen

○ **1** a)

Verteile 12 Luftballons an 4 Kinder.

12 : 4 = ____

Jedes Kind erhält ____ Luftballons.

b)

Verteile 12 Luftballons an 3 Kinder.

12 : 3 = ____

Jedes Kind erhält ____ Luftballons.

c)

Verteile 12 Luftballons an 2 Kinder.

12 : 2 = ____

Jedes Kind erhält ____ Luftballons.

○ **2** Verteile 12 Luftballons auch an 6 Kinder und an 12 Kinder.

12 : 6 = ____ 12 : 12 = ____

○ **3**

| | | | | |
|---|---|---|---|---|
| 20 : 5 = ____ | 15 : 5 = ____ | 6 : 2 = ____ | 8 : 2 = ____ | 18 : 6 = ____ |
| 40 : 5 = ____ | 30 : 5 = ____ | 6 : 3 = ____ | 8 : 4 = ____ | 18 : 3 = ____ |
| 10 : 5 = ____ | 50 : 5 = ____ | 6 : 6 = ____ | 8 : 8 = ____ | 18 : 2 = ____ |
| 5 : 5 = ____ | 25 : 5 = ____ | 6 : 1 = ____ | 8 : 1 = ____ | 18 : 9 = ____ |

◒ **4** a) 24 Euro werden an 3 Personen verteilt.
Jeder bekommt ____ Euro.

b) 24 Euro werden an 4 Personen verteilt.
Jeder bekommt ____ Euro.

**1–4** Verteilen von Mengen.

→ Schulbuch, Seiten 108/109

# Legen und Überlegen

**1** Zeichne oder rechne.
Auf dem Bauernhof leben 2 Pferde, 2 Katzen und 2 Enten.
Wie viele Beine sind es?

**2** Der Bauer zählt im Stall 16 Beine.
Wie viele Pferde und wie viele Enten können es sein?

**3** In einem Schwimmbad sind 16 Personen.
Wie viele Kinder sind es? Wie viele Erwachsene sind es?

a) Es sind 4 Kinder mehr als Erwachsene.

b) Es sind 6 Kinder mehr als Erwachsene.



**1, 2** Skizzen als Lösungshilfen nutzen (analog Schulbuchseite 110). **3** Zur Lösungsfindung Plättchen nutzen oder Plättchen zeichnen.

→ Schulbuch, Seiten 110/111

# Sitzpläne: Orientierung im Klassenraum

○ **1**

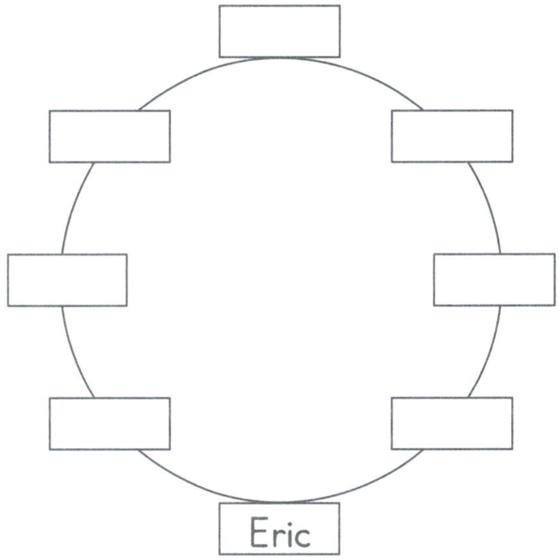


a) Ich bin Eric. Rechts von mir sitzt ____________.
Links von mir sitzt ____________.
Ich sitze zwischen ____________ und ____________.

b) Ich bin Max. Rechts von mir sitzt ____________.
Links von mir sitzt ____________.
Ich sitze zwischen ____________ und ____________.

◒ **2** Welche Ansicht gehört zu welchem Kind? Verbinde.

a)

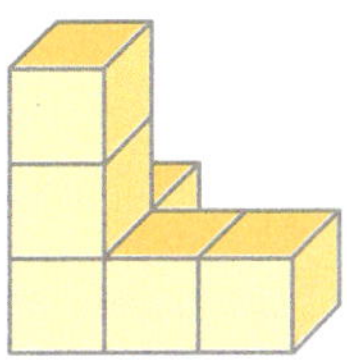
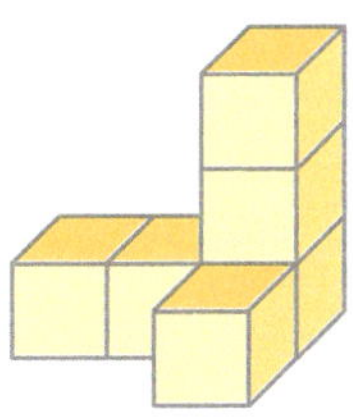

b)

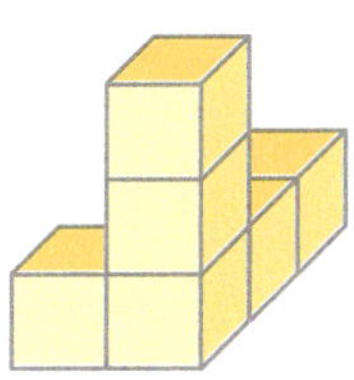

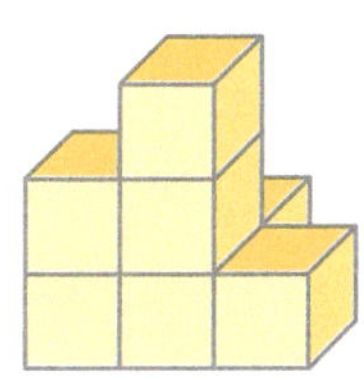

1 Aufgaben in Bezug auf die dargestellte Situation lösen. Plan zeichnen. 2 Würfelbilder den Ansichten der vier Kinder zuordnen. Dabei z. B. auf markante Dinge im Würfelgebäude achten (Position des Dreierturms, Zweierturms).

→ Schulbuch, Seiten 112/113

# Straßenpläne: Eckenhausen

**1** Mila geht zum Schwimmbad.
Beschreibe die Wege mit Pfeilen.

a) Sie geht zuerst in Richtung Sportplatz.
An der zweiten Kreuzung biegt sie links ab.

b) Sie geht zuerst in Richtung Post.
An der vierten Kreuzung biegt sie rechts ab.
An der zweiten Kreuzung biegt sie links ab.

**2** Metin geht zur Eisdiele. Beschreibe mit Worten.

a) Er geht den Weg ↑↑←←←.

b) Er geht den Weg ←←↑↑←.

**3** Ina geht zu Leo. Sie will keine Umwege gehen.
Finde kürzeste Wege. Beschreibe mit Pfeilen. Zeichne im Plan.

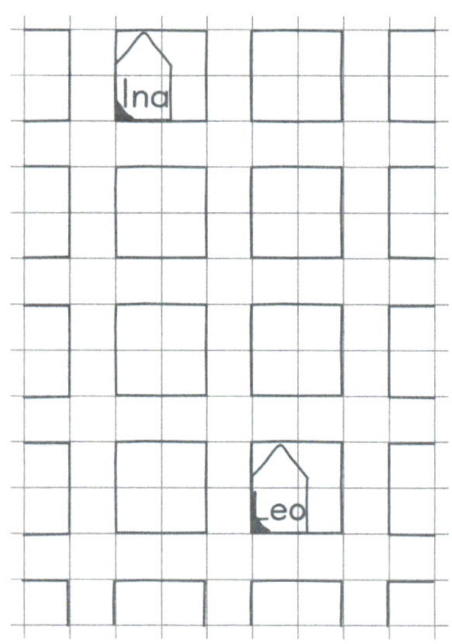




1 Milas Wege zum Schwimmbad in Form von Pfeilen darstellen. 2 Metins Wege zur Eisdiele mit Worten beschreiben.
3 Kürzeste Wege von Ina zu Leo finden. Mit Pfeilen beschreiben und in den Plan zeichnen.

→ Schulbuch, Seiten 114/115

# Rechenwege bei Plusaufgaben beschreiben

**1** a) 

53 + 34 = ____

b) 

33 + 54 = ____

c) 

56 + 25 = ____

d) 

55 + 26 = ____

**2** Schreibe deinen Rechenweg auf.

48 + 28 =

67 + 29 =

65 + 28 =

54 + 28 =

**3**

a) 10 + 4 = ____
14 + 11 = ____
25 + 18 = ____
43 + 25 = ____

b) 36 + 24 = ____
36 + 42 = ____
63 + 24 = ____
64 + 23 = ____

c) 47 + 8 = ____
48 + 17 = ____
39 + 26 = ____
25 + 35 = ____

d) 18 + 27 = ____
30 + 24 = ____
42 + 21 = ____
54 + 18 = ____

**4** Schöne Päckchen. Setze fort.

a) 62 + 37 = ____
63 + 35 = ____
64 + 33 = ____
___ + ___ = ____
___ + ___ = ____

b) 24 + 26 = ____
26 + 29 = ____
28 + 32 = ____
___ + ___ = ____
___ + ___ = ____

c) 56 + 28 = ____
46 + 27 = ____
36 + 26 = ____
___ + ___ = ____
___ + ___ = ____

d) 38 + 54 = ____
47 + 45 = ____
56 + 36 = ____
___ + ___ = ____
___ + ___ = ____

**5** Immer + ____.

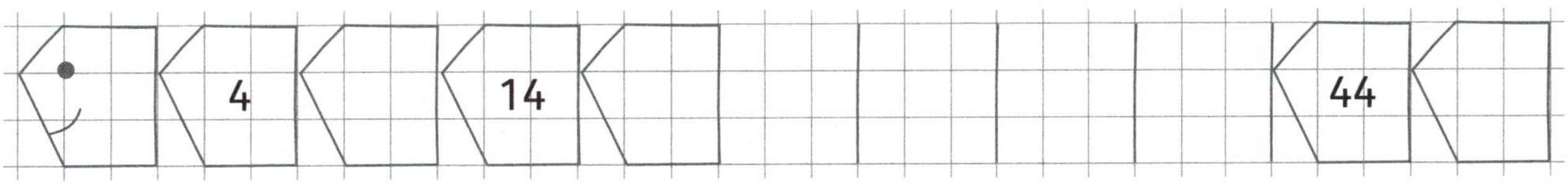

# Rechenwege bei Minusaufgaben beschreiben

○ **1**

a) 

49 – 25 = ____

b) 

37 – 15 = ____

c) 

43 – 12 = ____

d) 

45 – 26 = ____

e) 

34 – 26 = ____

f) 

67 – 24 = ____

g) 

64 – 27 = ____

h) 

51 – 43 = ____

○ **2** Schreibe deinen Rechenweg auf.

48 – 28 =

67 – 29 =

65 – 28 =

54 – 28 =

○ **3**

| a) | b) | c) | d) |
|---|---|---|---|
| 90 – 15 = ____ | 99 – 27 = ____ | 95 – 9 = ____ | 87 – 24 = ____ |
| 19 – 8 = ____ | 38 – 9 = ____ | 69 – 11 = ____ | 63 – 9 = ____ |
| 11 – 10 = ____ | 72 – 19 = ____ | 29 – 18 = ____ | 37 – 18 = ____ |

◒ **4** Schöne Päckchen. Setze fort.

| a) | b) | c) | d) |
|---|---|---|---|
| 51 – 6 = ____ | 84 – 40 = ____ | 96 – 7 = ____ | 54 – 36 = ____ |
| 61 – 16 = ____ | 84 – 42 = ____ | 95 – 17 = ____ | 65 – 47 = ____ |
| 71 – 26 = ____ | 84 – 44 = ____ | 94 – 27 = ____ | 76 – 58 = ____ |
| ___ – ___ = ____ | ___ – ___ = ____ | ___ – ___ = ____ | ___ – ___ = ____ |

● **5** Immer + ____.

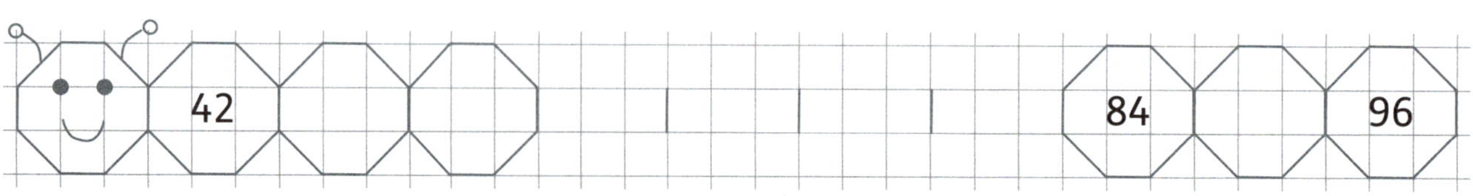




1–3 Subtraktionsaufgaben auf eigenen Wegen lösen. 4 Schöne Päckchen fortsetzen. 5 Rechenraupe erschließen.

→ Schulbuch, Seiten 118/119

# Rechenwege bei Malaufgaben beschreiben

**1** Wie rechnest du? Zeichne am Rechenstrich.

a) 6 · 3     b) 9 · 4     c) 6 · 7

0     0     0

**2** Welche Malaufgabe passt? Schreibe die fehlenden Zahlen. Rechne.

a) 5 · 3   2 · 3   0 ___ ___

b) 10 · 3   1 · 3   0 ___ ___

c) 10 · 7   2 · 7   0 ___ ___

**3** **Hilfsaufgaben:** Schreibe mit Zahlen oder zeichne den Rechenstrich.

9 · 6 =
10 · 6 = 60
1 · 6 = 6

9 · 6 =
10 · 6
1 · 6
0 ___ 60

Mila

Die 1. Zahl ist nah an einer Zehnerzahl. Ich rechne mit einer Aufgabe mit 10.

a) 9 · 6 =     b) 9 · 3 =     c) 9 · 7 =

**4** **In Schritten** mal rechnen: Schreibe mit Zahlen oder zeichne den Rechenstrich.

6 · 4 =
5 · 4 = 20
1 · 4 = 4

6 · 4 =
5 · 4   1 · 4
0   20   ___

Eric

Ich zerlege die 1. Zahl und rechne mit Kernaufgaben.

a) 6 · 4 =     b) 7 · 3 =     c) 3 · 6 =

1 Aufgabe auf eigenen Wegen rechnen und vergleichen (Mathekonferenz). 2 Rechenstriche deuten, Hinführung zu den Strategien ‚Hilfsaufgabe' und ‚in Schritten mal rechnen'. 3 Hilfsaufgaben nutzen und darstellen. 4 Rechenstrategie ‚in Schritten mal rechnen' vertiefen.

→ Schulbuch, Seiten 120/121

# Gleichungen und Ungleichungen

**1** Vergleiche. < oder > oder =?

| a) | b) | c) | d) |
|---|---|---|---|
| 2 · 4 ◯ 10 | 20 ◯ 3 · 6 | 63 ◯ 10 · 6 | 5 · 8 ◯ 35 |
| 3 · 4 ◯ 12 | 24 ◯ 4 · 6 | 63 ◯ 9 · 7 | 4 · 8 ◯ 30 |
| 4 · 4 ◯ 14 | 28 ◯ 5 · 6 | 63 ◯ 8 · 8 | 3 · 8 ◯ 25 |

**2** Vergleiche die Aufgaben. < oder > oder =?

| a) | b) | c) | d) |
|---|---|---|---|
| 6 · 5 ◯ 3 · 10 | 9 · 8 ◯ 10 · 8 | 4 · 3 ◯ 2 · 6 | 2 · 7 ◯ 3 · 6 |
| 8 · 5 ◯ 4 · 10 | 9 · 7 ◯ 10 · 7 | 6 · 3 ◯ 3 · 2 | 3 · 7 ◯ 4 · 6 |
| 10 · 5 ◯ 5 · 10 | 9 · 6 ◯ 10 · 6 | 9 · 3 ◯ 4 · 6 | 4 · 7 ◯ 5 · 6 |

**3** Vergleiche. < oder > oder =?

| a) | b) | c) | d) |
|---|---|---|---|
| 16 : 8 ◯ 3 | 40 : 4 ◯ 9 | 60 : 10 ◯ 10 | 45 : 9 ◯ 5 |
| 24 : 8 ◯ 3 | 36 : 4 ◯ 9 | 80 : 10 ◯ 10 | 54 : 9 ◯ 5 |
| 32 : 8 ◯ 3 | 32 : 4 ◯ 9 | 100 : 10 ◯ 10 | 63 : 9 ◯ 5 |

**4** Vergleiche die Aufgaben. < oder > oder =?

| a) | b) | c) |
|---|---|---|
| 40 : 4 ◯ 20 : 2 | 30 : 6 ◯ 30 : 3 | 50 : 5 ◯ 100 : 10 |
| 40 : 4 ◯ 20 : 4 | 30 : 6 ◯ 15 : 3 | 50 : 5 ◯ 25 : 5 |

| d) | e) | f) |
|---|---|---|
| 60 : 10 ◯ 30 : 5 | 25 : 5 ◯ 36 : 6 | 40 : 10 ◯ 20 : 5 |
| 70 : 10 ◯ 40 : 5 | 20 : 5 ◯ 30 : 6 | 80 : 10 ◯ 20 : 10 |

**5** Vergleiche. Was fällt dir auf? Erkläre.

| a) | b) | c) | d) | e) |
|---|---|---|---|---|
| 20 : 5 = ___ | 36 : 6 = ___ | 32 : 8 = ___ | 40 : 10 = ___ | 60 : 6 = ___ |
| 10 : 5 = ___ | 18 : 6 = ___ | 16 : 8 = ___ | 20 : 10 = ___ | 30 : 6 = ___ |

| f) | g) | h) | i) | j) |
|---|---|---|---|---|
| 16 : 4 = ___ | 24 : 3 = ___ | 24 : 4 = ___ | 12 : 3 = ___ | 40 : 4 = ___ |
| 16 : 8 = ___ | 24 : 6 = ___ | 24 : 8 = ___ | 12 : 6 = ___ | 40 : 8 = ___ |

**6** Rechne Aufgabe und Umkehraufgabe.

| a) | b) | c) | d) |
|---|---|---|---|
| 16 : ___ = 2 | 24 : ___ = 4 | 27 : ___ = 3 | 45 : ___ = 9 |
| 2 · ___ = 16 | 4 · ___ = 24 | 3 · ___ = 27 | 9 · ___ = 45 |



**1–5** Aufgaben mit Ergebnissen sowie auch Aufgaben mit anderen Aufgaben vergleichen. Beziehungen zwischen den Malreihen nutzen. **6** Aufgaben und Umkehraufgaben miteinander vergleichen.

→ Schulbuch, Seiten 122/123

# Teilen mit Rest

○ **1** Immer 22 Plättchen in Gruppen zerlegen.

a) Vierer

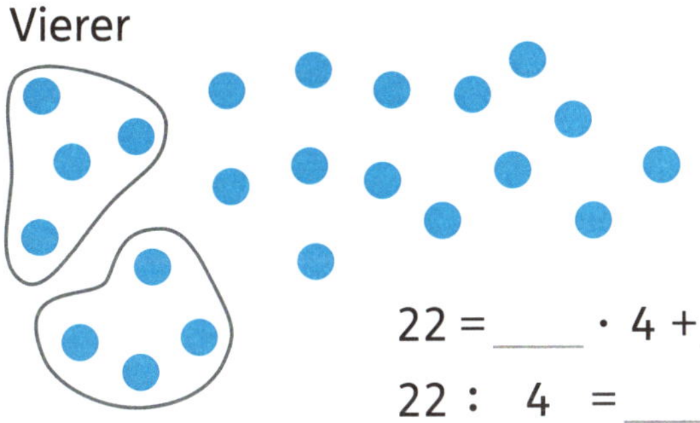

22 = ___ · 4 + ___

22 : 4 = ___

b) Sechser

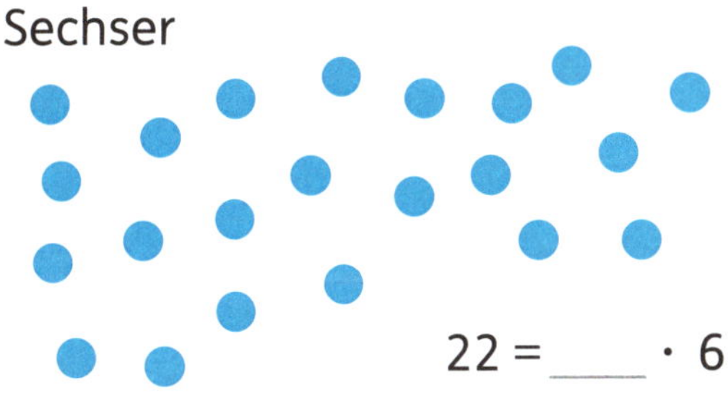

22 = ___ · 6 + ___

22 : 6 = ___

c) Achter

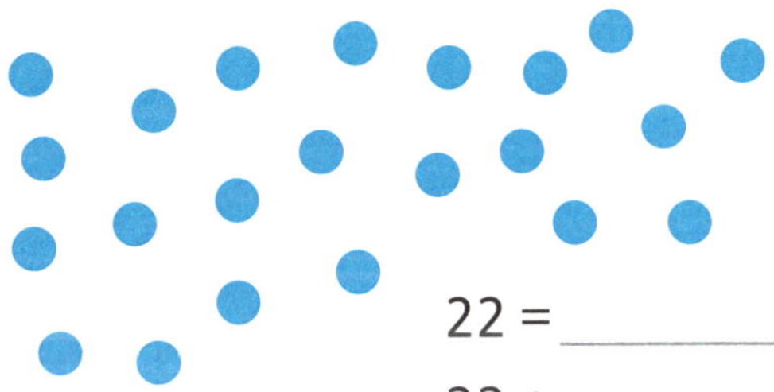

22 = ___

22 : ___

d) Fünfer

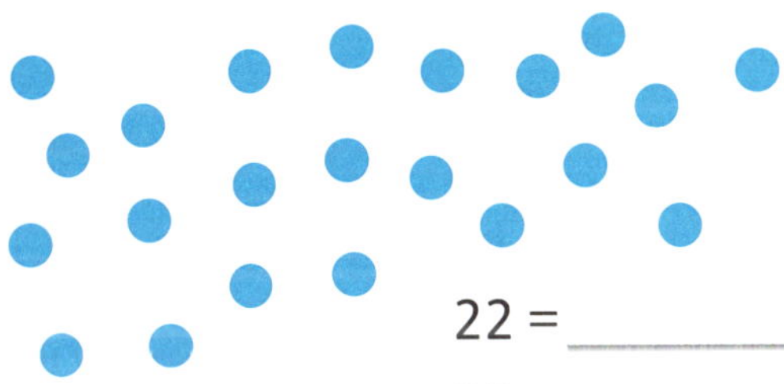

22 = ___

22 : ___

○ **2** Schreibe immer zwei Aufgaben.

a)

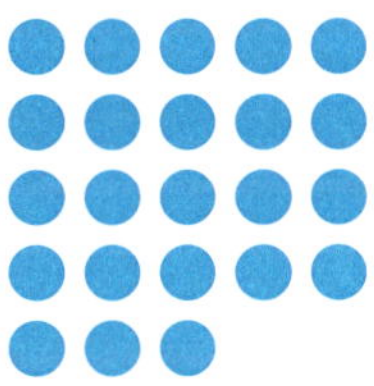

23 = 4 · 5 + 3

23 : 5 = ___

b)

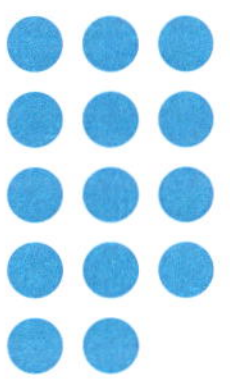

___

___

c)

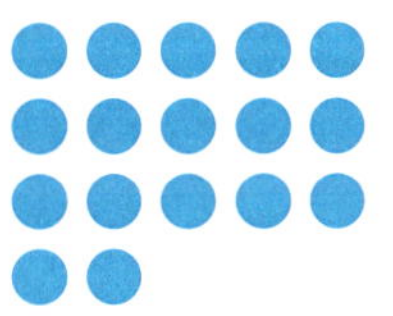

___

___

d)

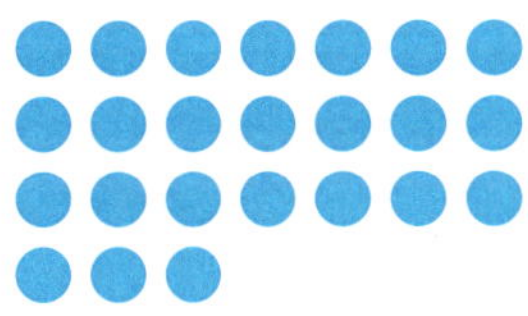

___

___

○ **3**

| a) | b) | c) |
|---|---|---|
| 12 : 2 = ___ | 21 : 3 = ___ | 31 : 6 = ___ |
| 13 : 2 = ___ | 23 : 3 = ___ | 32 : 6 = ___ |
| 14 : 2 = ___ | 25 : 3 = ___ | 33 : 6 = ___ |

| d) | e) | f) |
|---|---|---|
| 22 : 5 = ___ | 49 : 7 = ___ | 30 : 9 = ___ |
| 27 : 5 = ___ | 50 : 7 = ___ | 40 : 9 = ___ |
| 32 : 5 = ___ | 51 : 7 = ___ | 50 : 9 = ___ |

◒ **4** Paula verteilt 22 Bonbons gerecht an 6 Kinder. Den Rest behält sie für sich.

Wie viele Bonbons bekommt jedes Kind? ___

Wie viele Bonbons behält Paula? ___

**1, 2** Aufteilen von Mengen mit Rest. **3** Divisionsaufgaben mit Rest lösen. **4** Sachaufgabe.

→ Schulbuch, Seiten 124/125

# Rechendreiecke

**1** Wie ändern sich die Innenzahlen? Vergleiche. Markiere.

| | Dreieck 1 | Dreieck 2 | Dreieck 3 | Dreieck 4 |
|---|---|---|---|---|
| oben | 40 | 42 | 44 | 46 |
| links unten | 27 | 25 | 23 | 21 |
| rechts unten | 13 | 13 | 13 | 13 |
| Außenzahl links | ___ | ___ | ___ | ___ |
| Außenzahl rechts | ___ | ___ | ___ | ___ |
| Außenzahl unten | ___ | ___ | ___ | ___ |

Wie ändern sich die Außenzahlen? Beschreibe.

**2** Wie ändern sich die Außenzahlen? Finde die Innenzahlen. Vergleiche. Markiere.

| | Dreieck 1 | Dreieck 2 | Dreieck 3 | Dreieck 4 |
|---|---|---|---|---|
| Außenzahl links | 35 | 37 | 39 | 41 |
| Außenzahl rechts | 32 | 32 | 32 | 32 |
| Außenzahl unten | 27 | 29 | 31 | 33 |
| oben | 20 | 20 | | |
| links unten | 15 | | | |
| rechts unten | 12 | 12 | | |

Wie ändern sich die Innenzahlen? Beschreibe.

**3** Finde das passende Rechendreieck mit den 6 Zahlen.

| | |
|---|---|
| ~~5~~ | 16 |
| 21 | 24 |
| 29 | 40 |

Rechendreieck: oben 5

| | |
|---|---|
| 6 | 17 |
| 23 | 23 |
| 29 | 40 |



1–3 Operative Beziehungen zwischen Innen- und Außenzahlen erkunden.

→ Schulbuch, Seiten 126/127

# Forschen und Finden: Zahlenmauern

**1** Rechne und vergleiche: Der linke Grundstein wird immer 2 größer.

| 7 | 6 | 5 |
|---|---|---|

| 9 | 6 | 5 |
|---|---|---|

| 11 | 6 | 5 |
|---|---|---|

| 13 | 6 | 5 |
|---|---|---|

Wie ändert sich der Deckstein? Erkläre.

**2** Rechne und vergleiche: Der mittlere Grundstein wird immer 2 größer.

| 5 | 8 | 3 |
|---|---|---|

| 5 | 10 | 3 |
|---|---|---|

| 5 | 12 | 3 |
|---|---|---|

| 5 | 14 | 3 |
|---|---|---|

Wie ändert sich der Deckstein? Erkläre.

**3** Rechne und vergleiche: Alle Grundsteine ändern sich.

| 8 | 12 | 9 |
|---|---|---|

| 7 | 13 | 8 |
|---|---|---|

| 6 | 14 | 7 |
|---|---|---|

| 5 | 15 | 6 |
|---|---|---|

Wie ändert sich der Deckstein? Erkläre.

**1–3** Systematische Veränderungen der Grundsteine erkennen und die Auswirkungen auf den Deckstein beschreiben und erklären.

→ Schulbuch, Seite 129

# Rückblick

## 1 Wie viele Beine sind es?

Im Stall sind 5 Pferde und 2 Katzen.

## 2 Welchen Rechenweg beschreibt Eva? Kreuze an.

| Rechenweg 1 | Rechenweg 2 |
|---|---|
| 29 + 28 = 57 | 29 + 28 = 57 |
| 30 + 28 = 58 | 29 + 30 = 59 |
| 58 – 1 = 57 | 59 – 2 = 57 |
| ☐ | ☐ |

29 + 28 rechne ich mit einer Hilfsaufgabe. Ich addiere erst 30 und ziehe dann 1 wieder ab.

Eva

## 3 Vergleiche. $<$ oder $>$ oder $=$?

a) $4 \cdot 4 \bigcirc 15$ $\quad 9 \cdot 4 \bigcirc 40 - 4$ $\quad 5 \cdot 5 \bigcirc 20 + 4$ $\quad 8 \cdot 4 \bigcirc 4 \cdot 8$

$4 \cdot 5 \bigcirc 20$ $\quad 9 \cdot 5 \bigcirc 50 - 9$ $\quad 4 \cdot 4 \bigcirc 20 - 4$ $\quad 6 \cdot 4 \bigcirc 3 \cdot 8$

b) $24 : 6 \bigcirc 5$ $\quad 20 : 5 \bigcirc 5$ $\quad 32 : 4 \bigcirc 8$ $\quad 30 : 6 \bigcirc 30 : 3$

$36 : 6 \bigcirc 5$ $\quad 40 : 5 \bigcirc 10$ $\quad 32 : 8 \bigcirc 4$ $\quad 60 : 6 \bigcirc 30 : 6$

## 4 Welche Zahlen passen? Schreibe auf.

| 0 | 1 | 2 | 3 | 4 | 5 | 6 | 7 | 8 | 9 | 10 |
|---|---|---|---|---|---|---|---|---|---|---|

a) $\blacksquare \cdot 3 < 11$ $\quad$ b) $\blacksquare \cdot 5 > 35$ $\quad$ c) $\blacksquare \cdot 9 < 30$ $\quad$ d) $\blacksquare \cdot 8 < 20$

$\blacksquare \cdot 6 < 22$ $\quad \blacksquare \cdot 10 > 35$ $\quad \blacksquare \cdot 3 < 10$ $\quad \blacksquare \cdot 4 < 20$

## 5 Teilen mit und ohne Rest.

a) $18 : 2 =$ $\quad$ b) $18 : 3 =$ $\quad$ c) $24 : 6 =$

$19 : 2 =$ $\quad 19 : 3 =$ $\quad 27 : 6 =$

$20 : 2 =$ $\quad 20 : 3 =$ $\quad 30 : 6 =$



Wesentliche Inhalte des Kapitels noch einmal reflektieren, die eigenen Kompetenzen einschätzen.

→ Schulbuch, Seiten 130/131

# Maße am Körper

**1** Bestimme die Schuhgrößen.

Emma
Fußlänge: 18 cm
Schuhgröße: ____

Lara
Fußlänge: 20 cm
Schuhgröße: ____

Ole
Fußlänge: 21 cm
Schuhgröße: ____

Henry
Fußlänge: 23 cm
Schuhgröße: ____

| Fußlänge in cm | Schuhgröße |
|---|---|
| 18 | 29 |
|  | 30 |
| 19 | 31 |
| 20 | 32 |
|  | 33 |
| 21 | 34 |
| 22 | 35 |
| 23 | 36 |

**2** a) Erics Fuß ist 22 cm lang. Welche Schuhgröße hat er? ____
Der Fuß seiner Schwester ist 3 cm kürzer. Welche Schuhgröße hat sie? ____

b) Vor einem Jahr hatte Lilly Schuhgröße 31. Jetzt ist ihr Fuß 2 cm gewachsen.
Welche Schuhgröße hat sie nun? ____

**3**

| Körpergröße | |
|---|---|
| kleiner als 1 m 30 cm | Max, Esra, Kim, Marta |
| 1 m 30 cm bis 1 m 34 cm | Eric, Anton, Lilly, Leo, Finn, Mila, Eva |
| 1 m 35 cm bis 1 m 39 cm | Ina, Ben, Anna, Paula, Murat, Noah |
| größer als 1 m 39 cm | Till, Metin, Sophie |

a) Erstellt ein Schaubild.

b) Wie viele Kinder sind in der Klasse? ____

c) Wie viele Kinder sind kleiner als 1 m 30 cm?

____

d) Wie viele Kinder sind größer als 1 m 34 cm?

____

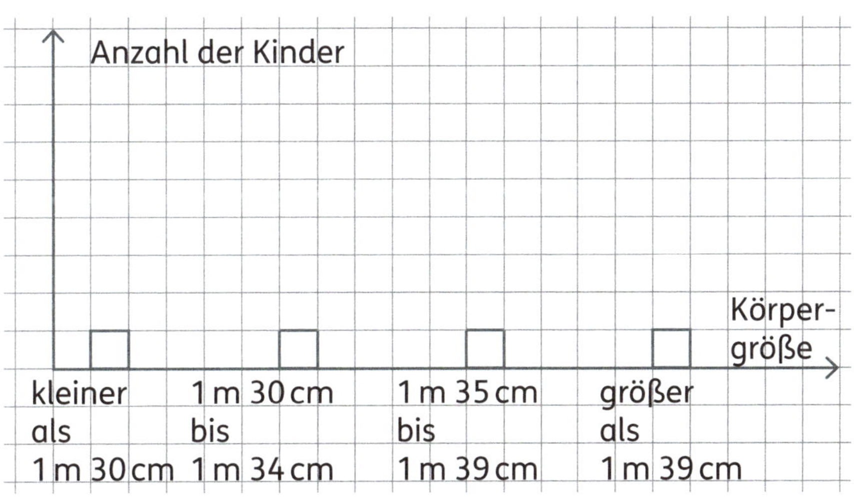

# Tagesablauf: Stunden und Minuten

○ **1** Wie spät ist es?

a) 

1 Uhr

13 Uhr

b) 

c) 

d) 

e) 

○ **2** Welche Uhrzeiten gehören zusammen? Verbinde.

12:45 15:30 20:15 00:00 6:45

◒ **3** Zeichne die Zeiger ein.

7.15 Uhr 0.00 Uhr 10.45 Uhr 13.15 Uhr 14.30 Uhr

◒ **4** Setze fort.

a) 12.30 Uhr 12.45 Uhr 13.00 Uhr ______ ______

b) 8.30 Uhr 9.15 Uhr 10.00 Uhr ______ ______

**1** Uhrzeiten ablesen. **2** Digitale und analoge Uhrzeiten verbinden. **3** Analoge Uhrzeiten eintragen. **4** Muster fortsetzen.

→ Schulbuch, Seiten 136/137

# Zeitspannen: Uhrzeiten und Kalender

○ **1**

**Aquarius**

Öffnungszeiten — Freizeitbad

| | |
|---|---|
| Mo, Di, Mi, Fr | von 8 – 20 Uhr |
| Donnerstag | von 13 – 22 Uhr |
| Samstag | von 10 – 20 Uhr |
| Sonntag | von 10 – 18 Uhr |

Wie viele Stunden ist das Bad geöffnet?

am Montag ____ Stunden

am Donnerstag ____ Stunden

am Freitag ____ Stunden

am Samstag ____ Stunden

am Sonntag ____ Stunden

○ **2** Wie heißen die Monate?

Wie viele Tage haben sie?

1. Monat: Januar  31 Tage
2. Monat: ____ ____
3. Monat: ____ ____
4. Monat: ____ ____
5. Monat: ____ ____
6. Monat: ____ ____
7. Monat: ____ ____
8. Monat: ____ ____
9. Monat: ____ ____
10. Monat: ____ ____
11. Monat: ____ ____
12. Monat: ____ ____

**Kalender 2025**

Januar

| | | | | | |
|---|---|---|---|---|---|
| Mo | | 6 | 13 | 20 | 27 |
| Di | | 7 | 14 | 21 | 28 |
| Mi | 1 | 8 | 15 | 22 | 29 |
| Do | 2 | 9 | 16 | 23 | 30 |
| Fr | 3 | 10 | 17 | 24 | 31 |
| Sa | 4 | 11 | 18 | 25 | |
| So | 5 | 12 | 19 | 26 | |

Februar

| | | | | | |
|---|---|---|---|---|---|
| Mo | | 3 | 10 | 17 | 24 |
| Di | | 4 | 11 | 18 | 25 |
| Mi | | 5 | 12 | 19 | 26 |
| Do | | 6 | 13 | 20 | 27 |
| Fr | | 7 | 14 | 21 | 28 |
| Sa | 1 | 8 | 15 | 22 | |
| So | 2 | 9 | 16 | 23 | |

März

| | | | | | | |
|---|---|---|---|---|---|---|
| Mo | | 3 | 10 | 17 | 24 | 31 |
| Di | | 4 | 11 | 18 | 25 | |
| Mi | | 5 | 12 | 19 | 26 | |
| Do | | 6 | 13 | 20 | 27 | |
| Fr | | 7 | 14 | 21 | 28 | |
| Sa | 1 | 8 | 15 | 22 | 29 | |
| So | 2 | 9 | 16 | 23 | 30 | |

April

| | | | | | |
|---|---|---|---|---|---|
| Mo | | 7 | 14 | 21 | 28 |
| Di | 1 | 8 | 15 | 22 | 29 |
| Mi | 2 | 9 | 16 | 23 | 30 |
| Do | 3 | 10 | 17 | 24 | |
| Fr | 4 | 11 | 18 | 25 | |
| Sa | 5 | 12 | 19 | 26 | |
| So | 6 | 13 | 20 | 27 | |

Mai

| | | | | | |
|---|---|---|---|---|---|
| Mo | | 5 | 12 | 19 | 26 |
| Di | | 6 | 13 | 20 | 27 |
| Mi | | 7 | 14 | 21 | 28 |
| Do | 1 | 8 | 15 | 22 | 29 |
| Fr | 2 | 9 | 16 | 23 | 30 |
| Sa | 3 | 10 | 17 | 24 | 31 |
| So | 4 | 11 | 18 | 25 | |

Juni

| | | | | | | |
|---|---|---|---|---|---|---|
| Mo | | 2 | 9 | 16 | 23 | 30 |
| Di | | 3 | 10 | 17 | 24 | |
| Mi | | 4 | 11 | 18 | 25 | |
| Do | | 5 | 12 | 19 | 26 | |
| Fr | | 6 | 13 | 20 | 27 | |
| Sa | | 7 | 14 | 21 | 28 | |
| So | 1 | 8 | 15 | 22 | 29 | |

Juli

| | | | | | |
|---|---|---|---|---|---|
| Mo | | 7 | 14 | 21 | 28 |
| Di | 1 | 8 | 15 | 22 | 29 |
| Mi | 2 | 9 | 16 | 23 | 30 |
| Do | 3 | 10 | 17 | 24 | 31 |
| Fr | 4 | 11 | 18 | 25 | |
| Sa | 5 | 12 | 19 | 26 | |
| So | 6 | 13 | 20 | 27 | |

August

| | | | | | |
|---|---|---|---|---|---|
| Mo | | 4 | 11 | 18 | 25 |
| Di | | 5 | 12 | 19 | 26 |
| Mi | | 6 | 13 | 20 | 27 |
| Do | | 7 | 14 | 21 | 28 |
| Fr | 1 | 8 | 15 | 22 | 29 |
| Sa | 2 | 9 | 16 | 23 | 30 |
| So | 3 | 10 | 17 | 24 | 31 |

September

| | | | | | |
|---|---|---|---|---|---|
| Mo | 1 | 8 | 15 | 22 | 29 |
| Di | 2 | 9 | 16 | 23 | 30 |
| Mi | 3 | 10 | 17 | 24 | |
| Do | 4 | 11 | 18 | 25 | |
| Fr | 5 | 12 | 19 | 26 | |
| Sa | 6 | 13 | 20 | 27 | |
| So | 7 | 14 | 21 | 28 | |

Oktober

| | | | | | |
|---|---|---|---|---|---|
| Mo | | 6 | 13 | 20 | 27 |
| Di | | 7 | 14 | 21 | 28 |
| Mi | 1 | 8 | 15 | 22 | 29 |
| Do | 2 | 9 | 16 | 23 | 30 |
| Fr | 3 | 10 | 17 | 24 | 31 |
| Sa | 4 | 11 | 18 | 25 | |
| So | 5 | 12 | 19 | 26 | |

November

| | | | | | |
|---|---|---|---|---|---|
| Mo | | 3 | 10 | 17 | 24 |
| Di | | 4 | 11 | 18 | 25 |
| Mi | | 5 | 12 | 19 | 26 |
| Do | | 6 | 13 | 20 | 27 |
| Fr | | 7 | 14 | 21 | 28 |
| Sa | 1 | 8 | 15 | 22 | 29 |
| So | 2 | 9 | 16 | 23 | 30 |

Dezember

| | | | | | |
|---|---|---|---|---|---|
| Mo | 1 | 8 | 15 | 22 | 29 |
| Di | 2 | 9 | 16 | 23 | 30 |
| Mi | 3 | 10 | 17 | 24 | 31 |
| Do | 4 | 11 | 18 | 25 | |
| Fr | 5 | 12 | 19 | 26 | |
| Sa | 6 | 13 | 20 | 27 | |
| So | 7 | 14 | 21 | 28 | |

Neujahr:1. Januar, Karfreitag 18. April, Ostern 20./21. April, Tag der Arbeit 1. Mai, Christi Himmelfahrt 29. Mai, Pfingsten 8./9. Juni, Fronleichnam 19. Juni, Tag der Deutschen Einheit 3. Oktober, Allerheiligen 1. November, Weihnachten 25./26. Dezember

○ **3** Welcher Wochentag ist es?

06. Januar: ____

03. Mai: ____

19. Juni: ____

31. August: ____

03. Oktober: ____

11. November: ____

06. Dezember: ____

24. Dezember: ____

◒ **4** Setze fort.

a) 9. März, 16. März, 23. März, ____

b) 12. Januar, 26. Januar, 9. Februar, 23. Februar, ____

____

**1** Öffnungsdauer bestimmen. **2** Name und Anzahl der Monate bestimmen. **3** Wochentag im Kalender ablesen.
**4** Muster fortsetzen.

→ Schulbuch, Seiten 138/139

# Bald ist Weihnachten

1 Was gehört zusammen? Verbinde.

a)

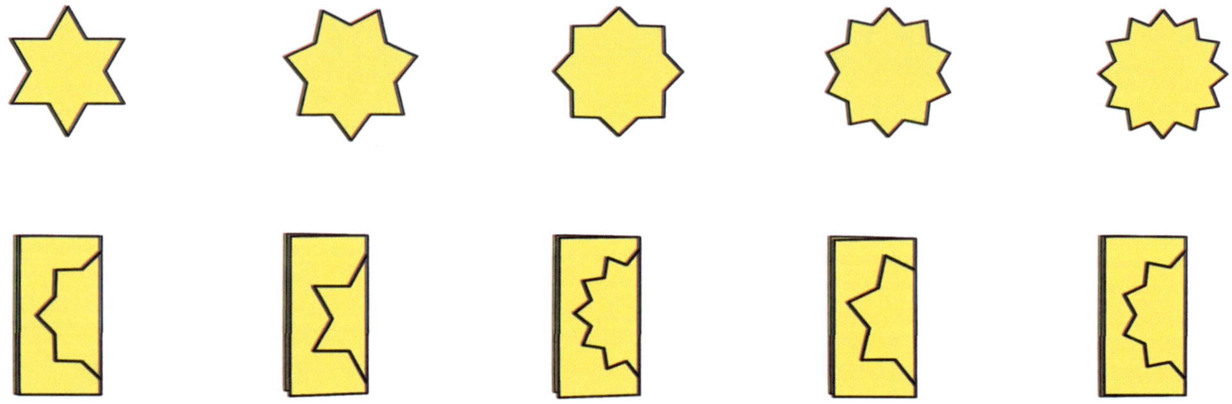

b)

2 Ergänze das Spiegelbild.

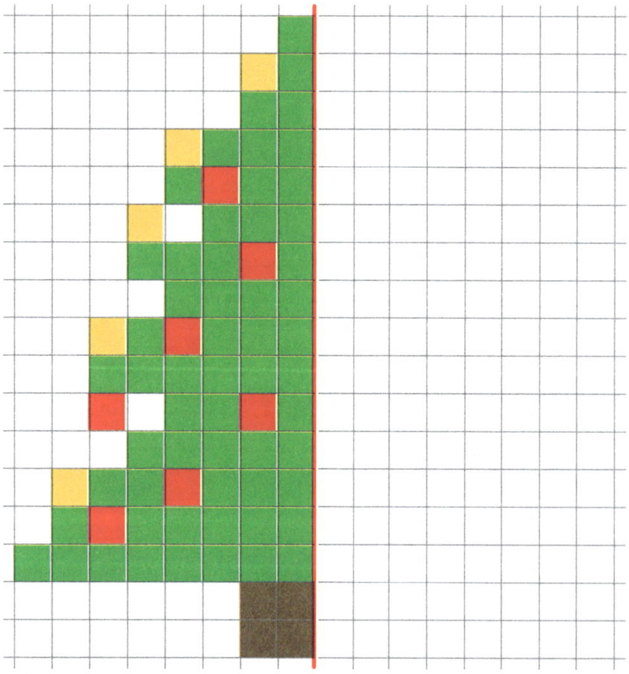

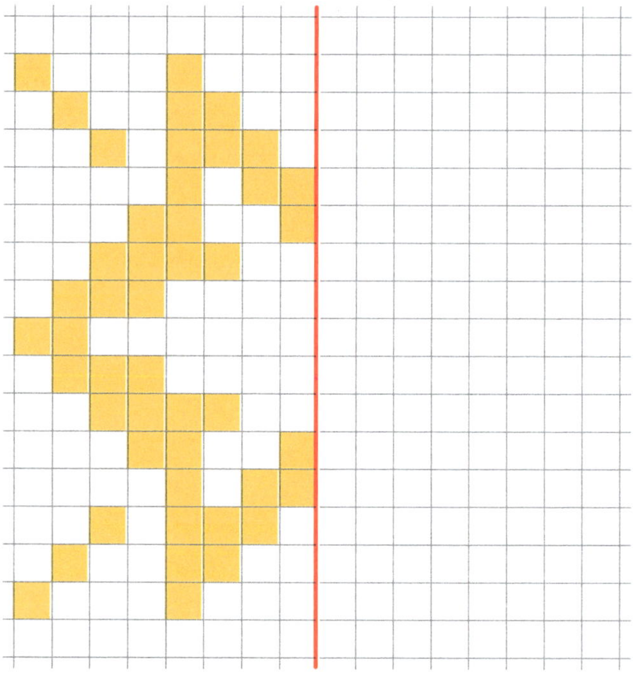

1 Kopfgeometrie: Faltschnitte und -figuren zuordnen. 2 Figuren ggf. mithilfe eines Spiegels symmetrisch ergänzen.

→ Schulbuch, Seiten 140/141

# Bald ist Ostern

**1** Eierketten.
Die Eier sind blau oder rot.
Die Perlen sind grün, blau oder gelb.
a) Findet alle Möglichkeiten.

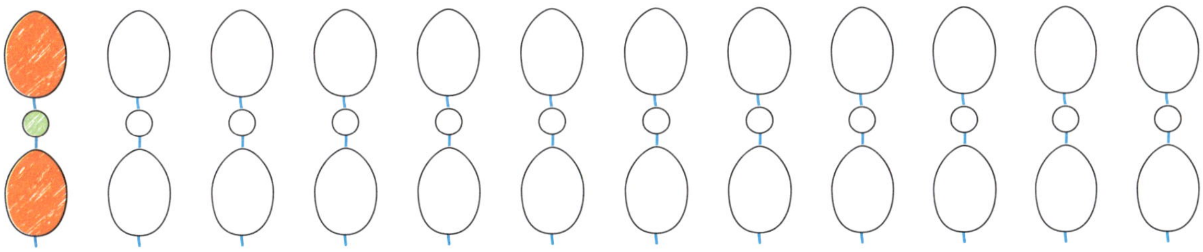

b) Eine weitere Farbe für die Perle kommt hinzu. 
Vermute. Wie viele Ketten werden es mehr? ____
Finde alle neuen Ketten und zeichne sie auf.

**2** Ostereier mit zwei Farben.
Das Ei ist rot, orange oder gelb.
Die Punkte sind blau, grün oder lila.
Finde alle Möglichkeiten.

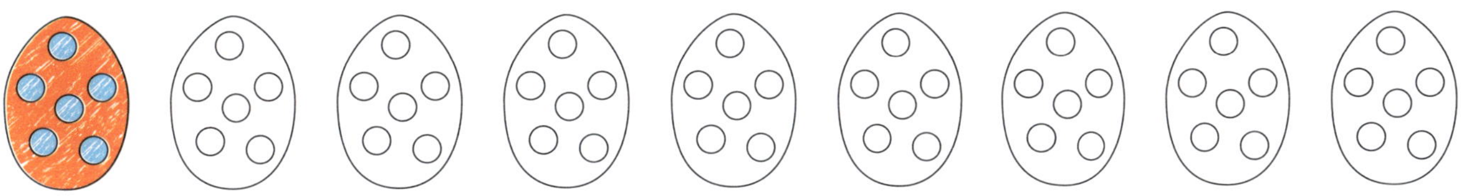

b) Eine weitere Farbe für die Punkte kommt hinzu. 
Vermute. Wie viele Eier werden es mehr? ____
Finde alle neuen Eier und zeichne sie auf.

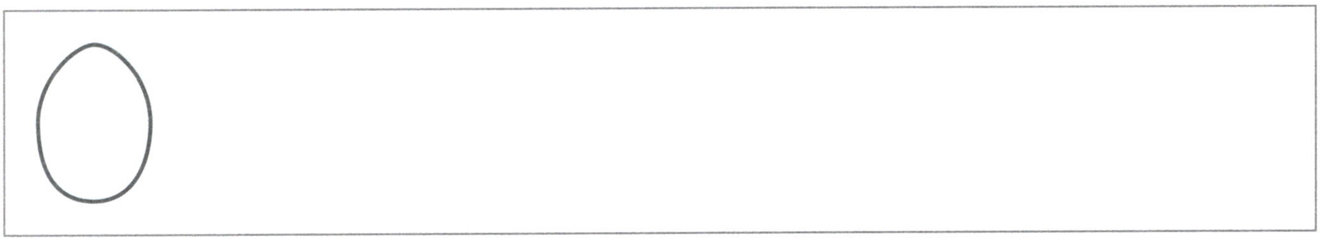

**1, 2** Nach allen Möglichkeiten suchen, die Eierketten bzw. die Eier nach den Vorgaben zu färben. Anhand der Ergebnisse ermitteln, wie viele Eierketten bzw. Ostereier durch eine weitere Farbe hinzukommen. Lösungen aufmalen.

→ Schulbuch, Seiten 142/143

# Grundfertigkeiten im Hunderterraum

**1** Wie viele?

a)  ___

b)  ___

c)  ___

d)  ___

**2** Zahlen darstellen.

a) sechsundzwanzig 26 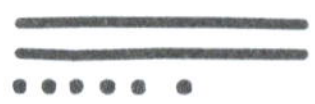

b) siebenunddreißig ___

c) zweiundsechzig ___

d) dreiundsiebzig ___

**3** Zahlen ordnen.

3, 11, 97, 19, 68, 27, 71, 13, 48, 33, 40

3 ___________________________________________

**4** Zahlen zerlegen.

a) 47 = 40 + 7
74 = 70 + 4

b) 91 = ___ + ___
19 = ___ + ___

c) 50 = ___ + ___
5 = ___ + ___

d) 63 = ___ + ___
36 = ___ + ___

**5** In Einerschritten zählen.

Vorwärts: 28, 29, ___, ___, ___, ___, ___, ___, ___, ___, ___, ___, ___, ___
77, 78, ___, ___, ___, ___, ___, ___, ___, ___, ___, ___, ___, ___

Rückwärts: 91, 90, ___, ___, ___, ___, ___, ___, ___, ___, ___, ___, ___, ___
66, 65, ___, ___, ___, ___, ___, ___, ___, ___, ___, ___, ___, ___

**6** In Zehnerschritten zählen.

Vorwärts: 7, 17, ___, ___, ___, ___, ___, ___, ___, ___, ___, ___, ___, ___
2, 12, ___, ___, ___, ___, ___, ___, ___, ___, ___, ___, ___, ___

Rückwärts: 100, 90, ___, ___, ___, ___, ___, ___, ___, ___, ___
94, 84, ___, ___, ___, ___, ___, ___, ___, ___



Grundwissen am Ende des 2. Schuljahres. Die Aufgaben sollten selbstständig gelöst werden (Lernstandskontrolle).

○ **7** Nachbarzahlen.

a) ___, 82, ___
___, 28, ___
___, 29, ___
___, 92, ___

b) ___, 49, ___
___, 67, ___
___, 76, ___
___, 94, ___

c) ___, 90, ___
___, 20, ___
___, 12, ___
___, 72, ___

d) ___, 99, ___
___, 9, ___
___, 1, ___
___, 11, ___

○ **8** Ergänzen zum Zehner.

| | | | |
|---|---|---|---|
| 63 + ___ = 70 | 14 + ___ = 20 | 83 + ___ = ___ | 93 + ___ = ___ |
| 56 + ___ = 60 | 41 + ___ = ___ | 38 + ___ = ___ | 98 + ___ = ___ |
| 42 + ___ = 50 | 65 + ___ = ___ | 77 + ___ = ___ | 68 + ___ = ___ |
| 66 + ___ = 70 | 38 + ___ = ___ | 51 + ___ = ___ | 99 + ___ = ___ |

○ **9** Vergleiche: < oder >?

| a) | b) | c) | d) | e) |
|---|---|---|---|---|
| 92 ○ 29 | 97 ○ 100 | 19 ○ 21 | 9 ○ 90 | 27 ○ 73 |
| 18 ○ 81 | 19 ○ 18 | 91 ○ 21 | 17 ○ 61 | 42 ○ 38 |
| 63 ○ 36 | 18 ○ 19 | 19 ○ 12 | 16 ○ 71 | 32 ○ 48 |

○ **10** 100 teilen.

a) 100 = ___ mal 50
100 = ___ mal 25

b) 100 = ___ mal 20
100 = ___ mal 5

c) 100 = ___ mal 10
100 = ___ mal 2

○ **11** Mit Zehnern rechnen wie mit Einern (Plus).

a) 5 + 5 = ___
50 + 50 = ___

b) 6 + 4 = ___
60 + 40 = ___

c) 7 + 3 = ___
___ + ___ = ___

d) 8 + 2 = ___
___ + ___ = ___

e) ___ + ___ = ___
40 + 50 = ___

f) 6 + 2 = ___
___ + ___ = ___

g) 7 + 2 = ___
___ + ___ = ___

h) ___ + ___ = ___
30 + 30 = ___

○ **12** Mit Zehnern rechnen wie mit Einern (Minus).

a) 9 − 5 = ___
90 − 50 = ___

b) 8 − 7 = ___
80 − 70 = ___

c) 7 − 5 = ___
___ − ___ = ___

d) ___ − ___ = ___
100 − 50 = ___

e) ___ − ___ = ___
30 − 30 = ___

f) ___ − ___ = ___
80 − 50 = ___

g) 7 − 2 = ___
___ − ___ = ___

h) ___ − ___ = ___
100 − 100 = ___

**1** Plusaufgaben.

| a) | b) | c) | d) |
|---|---|---|---|
| 27 + 30 = ___ | 61 + 30 = ___ | 49 + 1 = ___ | 25 + 7 = ___ |
| 37 + 20 = ___ | 31 + 60 = ___ | 19 + 40 = ___ | 27 + 5 = ___ |
| 73 + 20 = ___ | 13 + 60 = ___ | 41 + 9 = ___ | 72 + 5 = ___ |

| e) | f) | g) | h) |
|---|---|---|---|
| 40 + 30 = ___ | 20 + 30 = ___ | 36 + 50 = ___ | 36 + 7 = ___ |
| 4 + 5 = ___ | 6 + 6 = ___ | 36 + 51 = ___ | 36 + 17 = ___ |
| 44 + 35 = ___ | 26 + 36 = ___ | 36 + 52 = ___ | 36 + 27 = ___ |

**2** Verdoppeln.

| a) | b) | c) | d) |
|---|---|---|---|
| 30 + 30 = 60 | 40 + 40 = ___ | 20 + 20 = ___ | 10 + 10 = ___ |
| 4 + 4 = 8 | 7 + 7 = ___ | 6 + 6 = ___ | 5 + 5 = ___ |
| 34 + 34 = 68 | 47 + 47 = ___ | 26 + 26 = ___ | 15 + 15 = ___ |

| e) | f) | g) | h) |
|---|---|---|---|
| 44 + 44 = ___ | 37 + 37 = ___ | 36 + 36 = ___ | 25 + 25 = ___ |
| 45 + 45 = ___ | 27 + 27 = ___ | 46 + 46 = ___ | 24 + 24 = ___ |
| 46 + 46 = ___ | 17 + 17 = ___ | 45 + 45 = ___ | 14 + 14 = ___ |

**3** Minusaufgaben.

| a) | b) | c) | d) |
|---|---|---|---|
| 56 − 30 = ___ | 51 − 20 = ___ | 51 − 22 = ___ | 65 − 9 = ___ |
| 65 − 30 = ___ | 62 − 30 = ___ | 88 − 59 = ___ | 56 − 8 = ___ |
| 67 − 20 = ___ | 73 − 40 = ___ | 97 − 38 = ___ | 48 − 7 = ___ |

| e) | f) | g) | h) |
|---|---|---|---|
| 70 − 30 = ___ | 64 − 40 = ___ | 86 − 7 = ___ | 57 − 30 = ___ |
| 5 − 4 = ___ | 64 − 41 = ___ | 86 − 17 = ___ | 57 − 37 = ___ |
| 75 − 34 = ___ | 64 − 42 = ___ | 86 − 27 = ___ | 57 − 38 = ___ |

**4** Halbieren.

| a) | b) | c) | d) |
|---|---|---|---|
| 80 = 40 + 40 | 40 = ___ + ___ | 50 = ___ + ___ | 60 = ___ + ___ |
| 6 = 3 + 3 | 8 = ___ + ___ | 6 = ___ + ___ | 4 = ___ + ___ |
| 86 = 43 + ___ | 48 = ___ + ___ | 56 = ___ + ___ | 64 = ___ + ___ |

| e) | f) | g) | h) |
|---|---|---|---|
| 84 = ___ + ___ | 46 = ___ + ___ | 54 = ___ + ___ | 66 = ___ + ___ |
| 82 = ___ + ___ | 44 = ___ + ___ | 52 = ___ + ___ | 68 = ___ + ___ |
| 88 = ___ + ___ | 42 = ___ + ___ | 58 = ___ + ___ | 70 = ___ + ___ |



Grundwissen am Ende des 2. Schuljahres. Die Aufgaben sollten selbstständig gelöst werden (Lernstandskontrolle).

**5** Plus und Minus.

a) 26 + 21 = 47
47 − 21 = ___

b) 63 + 24 = ___
___ − 24 = ___

c) 38 + 19 = ___
___ − 19 = ___

d) 58 + 13 = ___
___ − 13 = ___

e) 87 − 51 = 36
36 + 51 = ___

f) 55 − 36 = ___
___ + 36 = ___

g) 74 − 21 = ___
___ + 21 = ___

h) 72 − 49 = ___
___ + 49 = ___

**6** Einmaleins.

| | | | | |
|---|---|---|---|---|
| 2 · 2 = ___ | 2 · 5 = ___ | 2 · 10 = ___ | 2 · 1 = ___ | 2 · 3 = ___ |
| 5 · 2 = ___ | 5 · 5 = ___ | 5 · 10 = ___ | 5 · 1 = ___ | 5 · 3 = ___ |
| 10 · 2 = ___ | 10 · 5 = ___ | 10 · 10 = ___ | 10 · 1 = ___ | 10 · 3 = ___ |
| 2 · 8 = ___ | 2 · 4 = ___ | 2 · 9 = ___ | 2 · 6 = ___ | 2 · 7 = ___ |
| 5 · 8 = ___ | 5 · 4 = ___ | 5 · 9 = ___ | 5 · 6 = ___ | 5 · 7 = ___ |
| 10 · 8 = ___ | 10 · 4 = ___ | 10 · 9 = ___ | 10 · 6 = ___ | 10 · 7 = ___ |

**7** Einmaleins.

| | | | | |
|---|---|---|---|---|
| 3 · 3 = ___ | 6 · 6 = ___ | 9 · 9 = ___ | 10 · 3 = ___ | 5 · 4 = ___ |
| 4 · 4 = ___ | 7 · 7 = ___ | 10 · 9 = ___ | 9 · 3 = ___ | 6 · 4 = ___ |
| 5 · 5 = ___ | 8 · 8 = ___ | 1 · 1 = ___ | 8 · 3 = ___ | 7 · 4 = ___ |
| 2 · 6 = ___ | 5 · 7 = ___ | 4 · 9 = ___ | 4 · 8 = ___ | 10 · 8 = ___ |
| 4 · 6 = ___ | 4 · 7 = ___ | 5 · 9 = ___ | 5 · 8 = ___ | 9 · 8 = ___ |
| 8 · 6 = ___ | 3 · 7 = ___ | 6 · 9 = ___ | 7 · 8 = ___ | 8 · 8 = ___ |

**8** Teilen.

a)

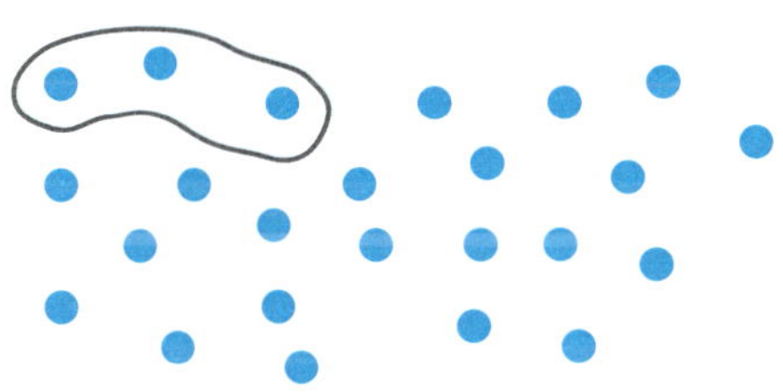

24 : 3 = ___

b)

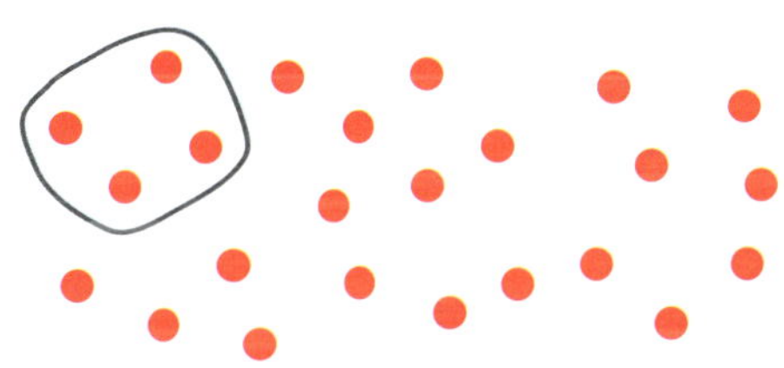

24 : 4 = ___

**9** Einfache Aufgaben zum Teilen.

| | | | | |
|---|---|---|---|---|
| 90 : 9 = ___ | 80 : 8 = ___ | 70 : 7 = ___ | 60 : 6 = ___ | 40 : 4 = ___ |
| 45 : 9 = ___ | 40 : 8 = ___ | 35 : 7 = ___ | 30 : 6 = ___ | 20 : 4 = ___ |
| 18 : 9 = ___ | 16 : 8 = ___ | 14 : 7 = ___ | 12 : 6 = ___ | 8 : 4 = ___ |

Grundwissen am Ende des 2. Schuljahres. Die Aufgaben sollten selbstständig gelöst werden (Lernstandskontrolle).

○ **1** Welche Münzen gibt es?

Cent: ◯ ◯ ◯ ◯ ◯ ◯ Euro: ◯ ◯

Welche Scheine gibt es?

Euro: [200] [100] [ ] [ ] [ ] [ ]

○ **2** a) Wie viel Cent?

| | |
|---|---|
|  | ct |
|  | ct |
|  | ct |

b) Wie viel Euro?

| | |
|---|---|
|  | € |
|  | € |
|  | € |

◒ **3** a) Immer 60 Cent.

| | |
|---|---|
| ◯ ◯ | 2 Münzen |
| ◯ ◯ ◯ | 3 Münzen |
| ◯ ◯ ◯ ◯ | 4 Münzen |
| ◯ ◯ ◯ ◯ ◯ | 5 Münzen |
| ◯ ◯ ◯ ◯ ◯ ◯ | 6 Münzen |
| | ___ Münzen |

b) Immer 50 Euro.

| | |
|---|---|
| [ ] [ ] [ ] | 3 Scheine |
| [ ] [ ] [ ] [ ] | 4 Scheine |
| [ ] [ ] [ ] [ ] [ ] | 5 Scheine |
| [ ] [ ] [ ] [ ] [ ] [ ] | 6 Scheine |
| [ ] [ ] [ ] [ ] [ ] [ ] [ ] [ ] [ ] [ ] | 10 Scheine |

○ **4**

| Preis: | gegeben: | zurück: |
|---|---|---|
|  60 Cent |  | ct |
|  57 Cent |  | ct |

| Preis: | gegeben: | zurück: |
|---|---|---|
|  48 € |  | € |
|  16 € |  | € |



Grundwissen am Ende des 2. Schuljahres. Die Aufgaben sollten selbstständig gelöst werden (Lernstandskontrolle).

○ **5** 1 Jahr = ___ Monate 1 Tag = ___ Stunden

1 Woche = ___ Tage 1 Stunde = ___ Minuten 1 h = ___ min

○ **6** Immer 1 Stunde.

a) 57 min + ___ min b) 45 min + ___ min c) 27 min + ___ min

d) 30 min + ___ min e) 15 min + ___ min f) 19 min + ___ min

○ **7** Ordne nach Zeitdauer.

| 15 min | 10 h | 1 Jahr | 8 Tage | 3 Monate | 2 Wochen | 1 Sekunde |
|---|---|---|---|---|---|---|

1 Sekunde, ___, ___, ___, ___, ___, 1 Jahr

○ **8** Wie spät ist es?

Uhr

___ Uhr

___ Uhr

___ Uhr

___ Uhr

___ Uhr

○ **9** Es ist jetzt 11.15 Uhr.

a) Wie spät war es

1 h vorher? ___ Uhr

30 min vorher? ___ Uhr

b) Wie spät ist es

1 h später? ___ Uhr

30 min später? ___ Uhr

○ **10** Immer 1 Meter.

a) 20 cm + ___ cm b) 39 cm + ___ cm c) 25 cm + ___ cm

d) 60 cm + ___ cm e) 75 cm + ___ cm f) 97 cm + ___ cm

○ **11** Miss die Länge vom Kopf bis zum Schwanzende.

___ cm

○ **12** Zeichne mit dem Lineal Strecken von

a) 4 cm.

b) 6 cm.

# Blitzrechenübungen mit Blitzrechenpass

## Wie viele?

Zahl zeigen und nennen.

## Welche Zahl?

Zahl zeigen und nennen.

1. Prüfung am: ____________

2. Prüfung am: ____________

## Zählen

Zahl an der Zahlenreihe bis 100 zeigen, nennen und weiterzählen.

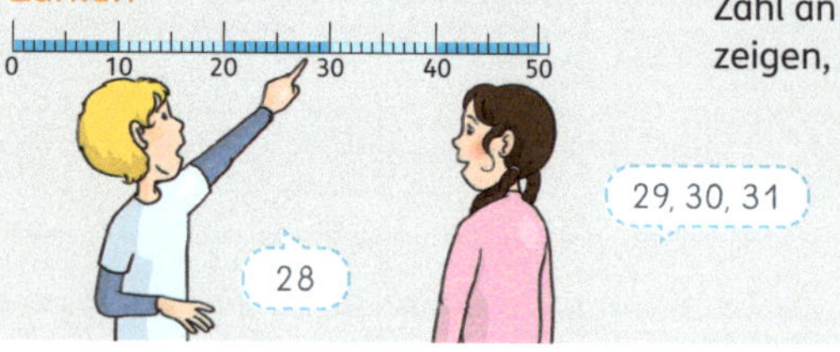


1. Prüfung am: ____________

2. Prüfung am: ____________

## Ergänzen zum Zehner

Zahl zeigen, nennen und zur nächsten Zehnerzahl ergänzen.

1. Prüfung am: ____________

2. Prüfung am: ____________

## Zählen in Schritten

Startzahl und Schritte nennen, in Schritten zählen und zeigen.

1. Prüfung am: ____________

2. Prüfung am: ____________

## Ergänzen bis 100

Zahl legen, nennen und bis 100 ergänzen.

1. Prüfung am: ____________

2. Prüfung am: ____________

## 100 teilen

Aufgabe vorgeben.

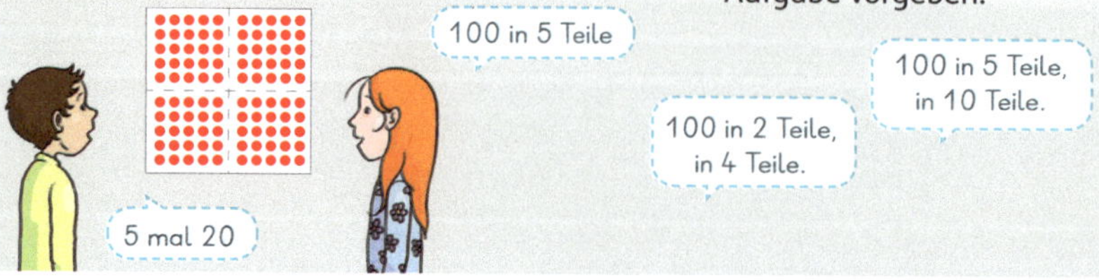


1. Prüfung am: ____________

2. Prüfung am: ____________

____________ hat am ____________ die Schlussprüfung im Blitzrechnen 2 abgelegt.

## Verdoppeln

Zehner- oder Fünferzahl nennen, legen oder zeichnen und verdoppeln.

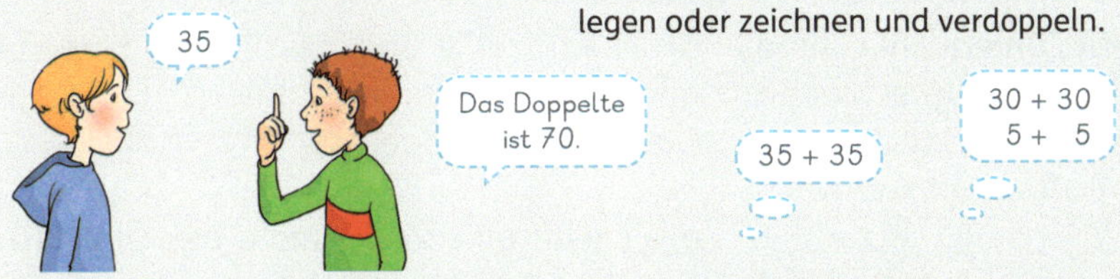


## Halbieren

Zehnerzahl nennen, legen oder zeichnen und halbieren.

1. Prüfung am: ____________

2. Prüfung am: ____________

## Einfache Plusaufgaben

Zehner dazu oder Einer dazu: Aufgabe nennen, legen oder zeichnen und rechnen.

## Einfache Minusaufgaben

Zehner weg oder Einer weg: Aufgabe nennen, legen oder zeichnen und rechnen.

1. Prüfung am: ____________

2. Prüfung am: ____________

## Zerlegen

Zehnerzahl wählen, zerlegen und Plusaufgabe nennen.

1. Prüfung am: ____________

2. Prüfung am: ____________

## Einmaleins

Malaufgaben legen, nennen und rechnen.

## Einmaleins

Malaufgabe zeigen, nennen und rechnen.

1. Prüfung am: ____________

2. Prüfung am: ____________

Unterschrift: ____________

## Wie viele?/Welche Zahl?

a) Am Hunderterfeld wird mit dem Zahlenwinkel eine Zahl gelegt. Das Kind nennt die Zahl. Durch Verschieben des Winkels nach rechts bzw. links oder nach oben bzw. unten können Beziehungen aufgezeigt werden.

b) Es wird auf ein leeres Feld der Hundertertafel gezeigt. Das Kind nennt die zugehörige Zahl. Auch hier können Beziehungen verdeutlicht werden.

## Zählen

Es wird auf eine Zahl an der Hunderterreihe gezeigt. Das Kind wird aufgefordert, vor- oder rückwärts zu zählen. Das Kind zählt, bis es gestoppt wird.

## Ergänzen zum Zehner

An der Hunderterreihe wird auf ein Plättchen gezeigt, und die zugehörige Zahl genannt. Das Kind ergänzt die Zahl in Form einer Plusaufgabe zum nächsten Zehner.
Variante: Das Kind benennt auch die gezeigte Zahl.

## Zählen in Schritten

Außer der Zahl wird noch die Schrittweise vorgegeben (2er-, 5er-, 10er-Schritte). Das Kind zählt nach Angabe vorwärts oder rückwärts, bis es gestoppt wird.

## Ergänzen bis 100

Am Hunderterfeld wird eine Zahl gezeigt. Das Kind ergänzt sie bis 100.
Wieder können Beziehungen aufgezeigt werden.
Beispiel: 38 + 62, 48 + 52, 58 + 42, 57 + 43, ...

## 100 teilen

Es wird angegeben, in wie viele Teile (2, 4, 5 oder 10) 100 geteilt werden soll. Das Kind gibt die Antwort in Form einer Malaufgabe.
Es gibt nur 4 Aufgaben (es sei denn, man lässt auch 20, 25 und 50 Teile bilden).

## Verdoppeln/Halbieren

a) Es wird eine Zahl bis 50 mit Einerstelle 0 oder 5 genannt. Das sind die Zahlen 0, 5, 10, 15, 20, ..., 50. Das Kind verdoppelt sie.

b) Es wird eine Zehnerzahl genannt (10, 20, ..., 100). Das Kind halbiert sie.

In beiden Fällen kann man Rechengeld oder das Hunderterfeld verwenden.

## Einfache Plusaufgaben/ Einfache Minusaufgaben

a) Es werden Plusaufgaben der Form 26 + 30, 45 + 7, 31 + 60, 72 + 9, ... genannt, das Kind bestimmt das Ergebnis. Dabei können die Zahlen zur Unterstützung bildlich dargestellt werden.
Auch bei diesen Aufgabentypen kann man systematisch variieren. Beispiel: 26 + 30, 26 + 40, 27 + 40, ...

b) Analog werden Minusaufgaben genannt und gerechnet.

## Zerlegen

Am Hunderterfeld wird eine Zehnerzahl (10, 20, 30, ...) aufgedeckt und mit einem (am besten transparenten) Zahlenwinkel in zwei Teile zerlegt. Das Kind nennt die zugehörige Plusaufgabe.

## Einmaleins

a) Mit dem Malwinkel wird die Malaufgabe gelegt. Das Kind nennt die Aufgabe und berechnet das Ergebnis. Dabei kann die Unterteilung des Hunderterfeldes ausgenutzt werden. Besonders wichtig sind die Kernaufgaben, aus denen man die anderen Aufgaben ableiten kann.

b) An der Einmaleins-Tafel wird eine beliebige Aufgabe des Einmaleins gezeigt und genannt. Das Kind nennt das Ergebnis. Besonders geübt werden müssen die farbigen Kernaufgaben, aus denen man die anderen Aufgaben ableiten kann.